교육을 위한
메타버스
탐구생활

TCA 열린학교 시리즈

교육을 위한
메타버스
탐구생활

현직 교사들이 전하는 교육용 메타버스 활용 입문서

조안나, 조재범, 배준호, 이석, 최동영, 손용식 지음

프롤로그

많은 사람들이 메타버스에 대해 이야기합니다. 누군가는 메타버스가 새로운 생태계가 될 것이라고 이야기하고, 누군가는 메타버스의 경제적 이득에 대해 말합니다. 많은 사람들이 서로 각기 다른 관점에서 메타버스를 바라보고, 메타버스에 대해서 이야기합니다.

그런데 메타버스에 대한 사회적 관심이 높아져가고 있는 나날들 속에서, 정작 학교는 조용합니다. 왜 그럴까요? 왜 학교와 교사는 이런 사회적 논의에서 마치 예외인 것처럼 보일까요? 학교문화가 폐쇄적이라서? 교사들이 메타버스에 관심이 없어서?

아닙니다. 학교와 교사가 메타버스와 관련된 여러 사회적 논의에 관심이 없는 것처럼 보이는 것은, 그 누구도 교사들에게 메타버스를 교육적으로 어떻게 활용할 수 있는지에 대해서 쉽고, 친절하게 알려주지 않았기 때문입니다. 교육적으로 어떻게 활용할 수 있는지 구체적인 사례를 보여주지 않았기 때문입니다.

이 책 『교육을 위한 메타버스 탐구생활』은 '메타버스'라는 현상 자체를 이해하기 위한 책이 아닙니다. 우리의 목적은 '메타버스'를 학생들에게 가르치는 것에 있지 않습니다. 오히려 메타버스가 왜 교육적으로 필요한지에 대한 의문으로부터 시작했습니다.

물론, 메타버스가 교육에 필수인 것은 아닙니다. 필수일 필요도 없습니다. 메타버스를 활용하지 않고도, 기존의 방식대로 교육적인 효과를 충분히 불러올 수 있다면, 교육현장에서 메타버스를 굳이 사용할 필요가 없습니다. 하지만 메타버스를 활용함으로써 교육적 효과를 극대화시킬 수 있다면, 그리고 메타버스를 교육적으로 경험하는 것이 학생들의 삶에 필요하다면, 우리는 메타버스를 공부하고 연구해야 합니다. 우리는 현재보다 10년, 20년 뒤의 미래를 살아갈 아이들을 가르치는 교사니까요.

이 책은 아이들을 가르치는 직업에 종사하는 모든 교육자들을 위한 교육용 메타버스 입문서입니다. 교육적으로 활용할 수 있는 메타버스 플랫폼에는 어떤 것들이 있는지, 그 플랫폼을 활용하면 어떤 교육적 효과를 기대할 수 있는지에 대해서 이야기합니다. 그리고 우리가 왜 메타버스와 디지털 기반 교육을 알아야 하는지에 대해 말합니다. 교육자가 메타버스를 왜 알아야 하는지, 또 어떻게 활용하는지 궁금하셨나요? 이 책에서 그 실마리를 찾을 수 있을 것입니다.

2022년 2월 14일

조안나, 조재범, 배준호, 이석, 최동영, 손용식

차례

제2부. 교육적으로 활용이 가능한 메타버스 플랫폼

제1부

교사가 왜
메타버스를 알아야 할까?

1장

메타버스가 대체 뭐길래?

어떤 사람들에게는 메타버스(Metaverse)라는 용어가 매우 익숙할 수도 있고, 또 다른 사람들에게는 아주 생소할 수도 있습니다. 메타버스에 대해 누군가는 새로운 트렌드라고 말하고, 누군가는 반짝하고 스쳐 지나갈 일시적 유행일 뿐이라고 말합니다. 정답은 무엇일까요?

사실 정답이 무엇인지는 아무도 모릅니다. 그 누구도 미래에 대해 확신할 수 없습니다. 다만 예측하고 준비할 뿐이죠. 예측한 방향대로 미래가 흘러간다면 지금의 준비가 유용하게 쓰일 것입니다. 예측과 다르게 미래가 흘러간다고 할지라도, 오늘의 준비가 무의미하게 사라지지는 않습니다.

오늘날 전 세계적으로 가장 뜨겁게 주목받고 있는 메타버스. 대체 메타버스가 무엇이길래 이렇게 주목받고 있는 걸까요? 메타버스는 일시적인 유행일까요? 새로운 미래 시대를 열어갈 키워드일까요? 많은 대기업이 메타버스에 주목하는 이유는 과연 무엇일까요? 코로나 시대 이후, 우리의 삶은 어떻게 흘러갈까요? 이 수많은 물음 속에 미래가 있습니다. 그리고 그 미래 속에 교육의 미래도 함께 존재합니다.

지난 수십 년 동안 학교는 항상 후발주자였습니다. 사회가 변화하고, 기술의 발전이 일어나고, 우리의 삶에 많은 변화가 일어난 후에 학교의 변화가 뒤따랐습니다. 그러나 코로나 팬데믹으로 인해 갑자기 모든 것이 바뀌었습니다. 아무도 예측하지 못했던 상황들이 벌어졌습니다. 그리고 갑자기 변화의 속도가 빨라졌습니다. 항상 후발주자였던 학교 또한 빠른 변화를 받아들여야 했습니다.

사회의 변화 속도와 발맞추어 학교가 빠르게 변화하던 적이 있었던가요? 오히려 학교가 더 먼저 변화를 주도하던 순간이 있었던가요? 미처 준비할 틈 없이 확산된 코로나 팬데믹으로 인해 대한민국의 교육은 갑작스럽게 선발주자가 되었습니다. 한차례 폭풍 같은 변화가 학교를 휩쓸고 지나갔고, 여전히 우리는 코로나 시대를 살고 있습니다. 그리고 이제 포스트 코로나(Post Corona) 시대를 준비해야 한다는 목소리가 높아지고 있습니다.

이 혼란스러운 시기, 우리는 무엇을 해야 할까요?

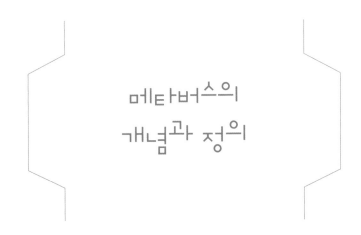

메타버스의 개념과 정의

코로나 팬데믹으로 혼란스러운 시대를 살아가는 우리가 할 수 있는 것은 무엇일까요? 그것은 바로 현재를 받아들이고, 이해하고, 미래를 준비하는 것입니다. 현재를 받아들이고, 이해하고, 미래를 준비한다는 것. 너무나 당연한 말이지만, 많은 사람이 이 말을 당연하게 실행에 옮기는 것은 아닙니다.

코로나 팬데믹으로 인해 최초의 온라인 개학을 시작했을 때, 사람들은 이 사태가 곧 진정될 것이라고 생각했습니다. 학교에 있는 교사와 집에 있는 학생이 원격으로 수업을 진행하게 되었을 때, 많은 사람이 각기 다른 선택을 했습니다. 누군가는 곧 재개될 등교 수업을 기다리며, 현재의 삶을 유지하고 싶어 했습니다. 또 다른 누군가는 원격 수업에 적응하기 위해 필요한 물품을 사거나 계획을 세웠습니다. 모두 각자의 상황과 판단에 맞게 움직였습니다. 그리고 1년이 훌쩍 지난 지금, 이제는 대부분의 사람이 우리가 현재 코로나 시대를 살고 있다는 것을 받아들였습니다.

오늘날 메타버스는 비슷한 맥락으로 우리에게 다가오고 있습니다. 어떤 사람은 지금이 이미 메타버스의 시대라고 말합니다. 누군가는 곧 메타버스의 시대가 도래할 것이라고 말합니다. 또 다른 누군가는 메타버스의 시대는 오지 않을 것이라고 말합니다. 앞으로 변화하게 될 미래가 '메타버스의 시대'일지 아닐지는 모르겠습니다.

다만 확실한 것은 코로나19가 우리의 일상생활에 많은 영향을 미쳤던 것과 같이 메타버스 역시 우리의 삶에 많은 영향을 미칠 것이라는 점입니다. 그렇게 생각하는 이유는 메타버스가 이미 변화의 흐름을 대변하는 일종의 용어로 쓰이고 있기 때문입니다.

메타버스의 정의 살펴보기

메타버스가 변화의 흐름을 대변하는 용어로 사용되고 있다는 말은 오늘날 우리가 사용하고 있는 메타버스라는 용어의 정의가 완전하지 않다는 뜻을 내포합니다. 즉 학문적으로 완벽히 정의된 개념이 아니라는 말입니다. 그래서 메타버스는 여러 가지 의미로 해석되고 혼용되어 사용되고 있습니다.

3차원 가상세계로서의 메타버스

현재 가장 단순하면서도 대중적으로 사용되고 있는 메타버스의 정의는 '3차원의 가상세계'입니다. 네이버, 다음, 구글 등의 인터넷 포털 사이트에 '메타버스'라는 단어를 검색어로 입력했을 때, 흔히 볼 수 있는 정의입니다.

> 가상, 초월을 의미하는 메타(meta)와 세계, 우주를 의미하는
> 유니버스(universe)의 합성어. 3차원의 가상세계.

많은 경우에 이 정의를 사용하고 인용하고 있습니다. 그런데 가장 대중적으로 사용되고 있는 이 정의에는 한 가지 약점이 있습니다. 그것은 바로 메타버스를 단순히 '메타버스 = 가상세계'라고 파악하게 만든다는 점입니다. 저는 이 정의가 사람들에게 오해를 불러일으키기 쉬운 정의라고 생각합니다.

가상세계와 실제세계를 이분화하고 있기 때문입니다. 메타버스를 '3차원의 가상세계'라고 정의하면, 우리는 자연스럽게 일상생활을 지속하는 실제공간과 특정한 가상공간을 분리하여 생각하게 됩니다. 이러한 이분법적 시각은 우리로 하여금 메타버스의 개념을 협소한 의미로 파악하게 하거나, 좁은 의미로 해석하게끔 만듭니다.

"메타버스가 가상세계라며? 근데 지금도 일상생활 하는 데 큰 불편함이 없는데, 군이 가상세계에서 뭘 할 필요가 있어? 실제세계에서 하면 되잖아? 젊은 애들이나 그런 거 하지. 난 눈에 보이지도 않는 가상

세계를 대체 왜 알아야 하는지 모르겠어." 이렇게 말이죠.

사람들이 이런 반응을 보이는 것은 메타버스를 일상생활과 분리된 가상세계로 받아들이기 때문입니다. 이 가상세계가 특정한 공간의 개념으로 받아들여지기 때문에, 그 공간을 향유하지 않는 사람은 굳이 그 공간에 대해 알 필요가 없게 됩니다. 더군다나 아주 익숙한 공간인 실제세계가 존재하기 때문에, 가상세계는 별도로 선택하는 공간으로 남게 되는 것입니다.

실제세계와 가상세계를 포함한 상위 경험세계로서의 메타버스

이러한 오해를 불러일으키지 않으려면 메타버스의 사전적 의미를 해석할 때 조금 다르게 해석해볼 필요가 있습니다. 메타버스의 메타(meta)를 '가상'으로 해석하는 것이 아닌, 접두사로서 after, beyond와 같은 '~후에, 그 너머에, 상위의, 초월한' 또는 '~에 대해서'로 해석하는 것입니다. 이렇게 해석할 때 메타버스는 유니버스(universe)의 상위개념이 됩니다.

유니버스는 '우주 또는 특정 유형의 경험세계'로 해석할 수 있기 때문에 메타버스는 '유니버스에 대한 유니버스', 즉 특정 유형의 경험세계에 대한 상위개념으로서의 경험세계가 됩니다.

경험세계는 다양합니다. 물리적인 실제세계에서의 경험도, 3차원의 가상세계에서의 경험도 모두 각각의 경험세계입니다. 이렇게 해석한다면 메타버스는 우리가 일상생활에서 경험하는 세계를 포함하는 동시에 3차원의 가상세계 또한 포함합니다. 앞선 정의보다 더 폭넓은 정의가 되는 것이죠.

실제세계와 가상세계를 포함한
여러 경험세계의 상위개념으로서의 메타버스.

실제세계와 가상세계의 교차점·융합으로서의 메타버스

또 다른 시각에서는 메타버스를 가상세계와 실제세계의 교차점 또
는 융합된 세계로 봅니다. 메타버스를 분류할 때 가장 많이 언급되는
미국의 비영리 기술연구 단체인 ASF(Acceleration Studies Foundation)
의 메타버스 로드맵(2007)을 살펴보면 이러한 시각이 잘 드러납니다.
ASF는 메타버스를 '가상공간'으로 해석하기보다 '물리적 세계와 가상
세계의 연결점'으로 해석했을 때 앞으로 일어날 여러 변화를 가장 잘
이해할 수 있다고 언급합니다.

"메타버스는 매우 복잡한 개념이며, 하나의 통합된 실체로 보기 어렵다.
그것은 오히려 융합으로 보아야 한다.
메타버스는 가상으로 확장된 물리적 현실과
물리적으로 지속되는 가상공간의 융합이다.
사람들은 이 두 가지가 혼재된 형태로 메타버스를 경험하게 된다."

그래서 ASF는 메타버스를 3차원의 가상공간에 한정시키지 않고,

가상세계와 현실세계가 융합한 개념으로 파악합니다. 이는 '3차원의 가상세계'에 '현실'이라는 교차점을 포함하는 것으로 확장된 개념의 메타버스의 정의라고 볼 수 있습니다.

XR기술을 기반으로 한 융합세계로서의 메타버스

XR(eXtended Reality)은 가상현실(VR), 증강현실(AR), 혼합현실(MR) 등의 실감기술을 총칭하는 '확장현실'을 말합니다. 이 XR기술은 현실세계와 가상세계를 연결하기 위한 중요한 매개체입니다. 매개체가 없다면 물리적 공간과 가상공간의 교차점을 만들 수 없습니다. 메타버스를 이러한 XR기술을 기반으로 한 실제세계와 가상세계의 융합으로 정

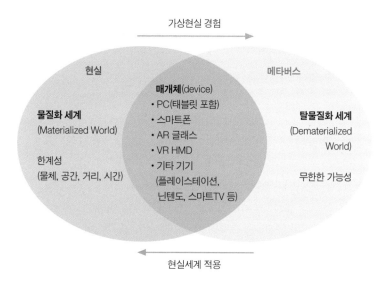

메타버스 개념도(메리츠증권 리서치센터 보고서)

의하는 시각이 있습니다.

한국지능정보사회 진흥원의 스페셜 리포트(2021)에서는 메타버스를 "물리적 실재와 가상의 공간이 실감기술을 통해 매개·결합되어 만들어진 융합된 세계"로 정의하고, 메리츠증권 리서치센터 보고서(2021)에서는 "탈물질화(dematerialization)되어 물리적 거리를 초월하는 모든 물체와 공간"으로 정의합니다.

이 두 연구보고서의 공통점은 메타버스를 '실감기술 같은 매개체'를 통해 결합되는 '가상세계와 현실세계의 융합된 세계'로 본다는 점입니다.

현실세계에서 사는 우리가 가상세계 같은 탈물질화된 세계의 경험을 하려면 인터넷을 기반으로 한 스마트폰, PC, 또는 AR이나 VR 같은 매개체가 필요합니다. 이 매개체들을 통해 우리는 현실과 메타버스를 오갈 수 있고, 현실세계와 가상세계의 교차점이 생기며, 융합된 형태의 경험을 하게 됩니다.

이처럼 메타버스의 개념은 복합적입니다. 메타버스가 특정 기술이나 한정된 공간을 지칭하는 개념이 아니며, 하나의 통합된 실체로 존재하는 것이 아니기 때문에 그렇습니다. 그래서 가끔은 메타버스의 개념을 정의하는 현재의 모습이, 마치 맹인들이 모여 거대한 코끼리의 다리와 꼬리, 얼굴을 매만지며, 각자 자신이 만진 부분을 설명하는 것처럼 보이기도 합니다.

메타버스, 용어의 등장

그렇다면 이쯤에서 이 메타버스라는 용어를 최초로 사용한 사람이 누구인지 궁금해집니다. 대체 '메타버스'라는 단어는 어디에서 등장했을까요?

메타버스라는 단어를 처음 사용한 사람은 미국의 소설가인 닐 스티븐슨(Neal Stephenson)입니다. 그는 1992년에 출판한 자신의 소설 『스노 크래시(Snow Crash)』에서 이 용어를 최초로 사용했습니다.

"매끄러운 평면인 컴퓨터 윗면에 튀어나온 어안 렌즈는 반짝이는 반구 형태를 띠고 있는데, 자줏빛으로 광학 코팅이 되어 있다. (……) 컴퓨터 속에는 레이저가 세 개 들어 있다. 빨간색, 녹색 그리고 파란색이다. (……) 컴퓨터는 그런 식으로 내부에서 만든 다양한 색의 가느다란 광선들을 어안 렌즈를 통해 어떤 각도로든 쏘아낼 수 있다. 컴퓨터 내부에 장착된 전자 거울을 사용하면 그런 광선으로 히로가 쓴 고글 렌즈에 이리저리 움직이는 모양을 만들어낼 수 있다."

"그렇게 만들어진 영상은 히로의 실제 눈앞 공간에 투영되어 보이게 된다. 양쪽 눈에 보이는 모습에 약간의 차이를 두면 그림은 입체적으로 보인다. 1초에 그림을 72번씩 바꿔주면 그림은 실제로 움직이는 효과를 낸다. (……) 그리고 작은 이어폰을 통해 스테레오 디지털 사운드를 들려주면 움직이는 입체 화면은 완벽히 실제와 같은 배경음을 갖게 된다. (……) 그는 고글과 이어폰을 통해 컴퓨터가 만들어낸 전혀 다른 세계에 있다. 이런 가상의 장소를 전문 용어로 '메타버스'라 부른다."•

『스노 크래시』속 메타버스는 6만 5,536킬로미터의 규모를 가진 가상현실 공간입니다. 소설 속 주인공인 히로는 메타버스에 접속하기 위해 컴퓨터와 연결된 고글을 쓰고 이어폰을 사용합니다.

이 소설이 출간된 1992년은 스마트폰이 등장하기 전이며, 삐삐로 불리는 무선호출 서비스가 상용화되어 활발하게 사용되던 시기입니다. 무려 약 30년 전이지만 닐 스티븐슨이 상상했던 메타버스는 오늘날의 몰입형 가상현실(Virtual Reality) 공간을 떠올리게 합니다.

'메타버스' 외에도 그의 소설에서 최초로 등장하는 다른 개념이 있습니다. 그것은 '아바타(Avatar)'입니다.

"그가 보는 사람들은 물론 실제가 아니다. 눈에 보이는 모든 건 광섬유를 통해 내려온 정보에 따라 컴퓨터가 그려낸 움직이는 그림에 불과하다. 사람처럼 보이는 건 '아바타'라고 하는 소프트웨어들이다. 아바타는 메타버스에 들어온 사람들이 서로 의사소통을 하고자 사용하는 소리를 내는 가짜 몸뚱이다."••

『스노 크래시』의 주인공 히로가 메타버스에 접속해서 보는 사람들

• 『스노 크래시 1』, 닐 스티븐슨(1992), 남명성 옮김(2021), p.44-45, 문학세계사.
•• 『스노 크래시 1』, 닐 스티븐슨(1992), 남명성 옮김(2021), p.71, 문학세계사.

은 모두 실제가 아닌 아바타입니다. 사람처럼 보이고 의사소통을 할 수 있지만, 눈앞에 있는 아바타는 실제 사람이 아닌 가상현실 속의 소프트웨어 이미지입니다.

우리가 메타버스의 어원을 닐 스티븐슨의『스노 크래시』에서 찾는다면, 이때 메타버스의 정의는 인터넷을 기반으로 '아바타를 사용하는 몰입형 가상현실'이라고 해석할 수 있습니다.

메타버스의 정의에 따른 인식의 차이

앞서 살펴본 것처럼 메타버스는 복합적인 개념입니다. 그래서 메타버스를 어떻게 정의하느냐에 따라서 메타버스를 보는 시선에 큰 차이가 생길 수 있습니다.

예를 들어 메타버스의 정의를『스노 크래시』의 개념, 즉 '아바타를 사용하는 몰입형 가상현실'이라고 생각하는 사람의 입장에서 생각해 봅시다. 이 사람이 볼 때 로블록스(Roblox), 제페토(ZEPETO)가 구현하는 세상은 메타버스일까요?

아마 아닐 겁니다. 몰입형 가상현실은 특수한 장비나 기기를 사용하여 인간이 가진 오감의 감각적 효과까지 느끼도록 구현한 세계를 목표로 합니다. 하지만 로블록스와 제페토는 소셜 네트워크 서비스(Social Network Service)와 아바타가 결합한 가상세계 공간을 제공하는 플랫폼에 가깝습니다.

1부. 교사가 왜 메타버스를 알아야 할까?

하지만 메타버스를 '실제세계와 가상세계를 포함한 여러 경험세계의 상위개념'으로 본다면, 로블록스와 제페토가 구현하는 세상 역시 메타버스에 포함된다고 할 수 있습니다.

즉 메타버스를 정의할 때 넓은 범위로 확장하여 해석할지, 좁은 범위로 축소하여 해석할지에 따라 서로 다른 인식의 차이가 발생합니다.

하나의 개념이 온전하게 자리를 잡기 위해서는 충분한 시간이 필요합니다. 그 개념에 대한 많은 사람의 연구가 필요하며, 기술적인 접근과 철학이 함께 성숙해야 하며, 사회적 합의가 이루어져야 합니다. 새로운 것의 시작 단계에서는 언제나 많은 논란과 다양한 의견이 존재하고, 충분한 시간이 지난 다음에야 합의된 결론이 도출되고, 그것이 정설로 굳어지기 때문입니다.

메타버스 또한 마찬가지라고 생각합니다. 아직은 메타버스가 무엇인지에 대한 사회적으로 합의된 단 하나의 결론은 없습니다. 메타버스가 단일개념이 아닌 복합적인 개념이며, 현재 활발하게 연구가 진행되고 있는, 논의 중인 분야이기 때문입니다.

이 책은 메타버스에 대해 '아바타를 기반으로 하며, 가상 플랫폼 안에서 사회적, 문화적, 정치·경제적인 활동이 가능한 세계'로 정의하고 접근하고자 합니다. 이는 『스노 크래시』의 주인공 히로가 경험했던 몰입형 가상현실과 아바타를 기반으로 한 3D 가상세계 플랫폼을 모두 포괄하는 것입니다.

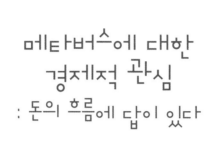

메타버스에 대한 경제적 관심
: 돈의 흐름에 답이 있다

우리는 왜 메타버스에 대해 알아야 할까요? 뉴스, 신문기사에서 메타버스라는 단어가 언급되고, 사람들의 입에서 오르내리니 그럴 수도 있습니다. '메타버스에 대해 왜 알아야 하지? 그게 나랑 무슨 상관이지? 그냥 몇몇 사람에게만 의미 있는 거 아니야? 잠깐 스쳐 지나가는 유행 같은데 왜 자꾸 여기저기서 말하지?'

메타버스는 우리의 삶과 어떤 연관성을 가질까요? 대체 왜 알아야 할까요? 저는 이 질문에 대한 답을 돈의 흐름에서 먼저 찾고자 합니다. 많은 사람이 모이는 곳에는 돈이 모이기 마련이고, 돈은 우리의 삶에서 아주 중요한 부분을 차지하기 때문입니다.

인터넷 포털 사이트에 검색하고 싶은 특정 단어를 입력하면, 연관 검색어를 함께 볼 수 있습니다. 연관 검색어는 사람들이 특정 단어를 입력한 다음 연이어 검색한 단어를 자동으로 보여주는 시스템으로, 나

외의 다른 사람들이 얼마나 많이, 자주 관련된 단어를 검색했는지를 가늠해볼 수 있습니다. 사람들의 관심사가 반영되는 것이죠.

메타버스를 인터넷 포털 사이트에 검색어로 입력하면, 특이하게도 경제, 투자와 관련된 검색어들이 상위권에서 꽤 많은 비중을 차지하는 것을 확인할 수 있습니다. '메타버스 관련주, 메타버스 대장주, 메타버스 EFT, 메타버스 코인' 등이 돈과 직접적으로 관련된 메타버스 연관 검색어입니다.

메타버스 연관 검색어에 돈과 관련된 내용이 많다는 것은 그만큼 사람들의 관심이 메타버스로 쏠리고 있으며, 실제 투자를 하거나, 투자를 고민하는 사람이 늘고 있다는 의미입니다. 그리고 이러한 개인들의 관심보다 앞서 기업들은 이미 메타버스를 미래 시장의 블루오션으로 보고 투자를 아끼지 않고 있습니다.

지난 2021년 10월, 페이스북의 CEO인 마크 저커버그가 페이스북의 사명을 '메타(Meta)'로 변경한다고 발표했습니다. 이는 시장의 관심이 메타버스에 주목되고 있다는 사례인 동시에, 페이스북과 같은 세계적인 기업이 메타버스 시장을 선점하고 싶어 하는 의지를 내비친 것입니다.

페이스북뿐만 아니라 세계적으로 유명한 구글, 애플, 마이크로소프트 등 누구나 아는 대기업들이 이미 경쟁적으로 메타버스 개발에 뛰어들었으며, 그 외 수많은 기업이 발 빠르게 메타버스 플랫폼을 활용한 자사 콘텐츠를 오픈하고 있습니다.

메타버스로 전 세계의 돈이 모이고 있다는 말이 과장이 아닐 정도

제페토에 입점한 구찌 가상매장

로, 메타버스로 돈의 흐름이 빠르게 움직이고 있습니다. 기업들이 메타버스의 미래와 가능성에 투자하고 있다는 것은 몇 가지 사례를 통해서도 쉽게 파악할 수 있습니다.

2021년 2월, 구찌(GUCCI)는 메타버스 플랫폼 제페토에 구찌 가상매장을 입점했습니다. 세계적으로 유명한 명품 브랜드인 구찌가 10대들이 주로 사용하는 제페토에 자사 매장을 오픈한 것입니다.

제페토의 유저들은 구찌 매장에 방문하여 컬렉션을 입어보거나 사진을 찍을 수 있으며, 제페토 내에서 통용되는 화폐 '젬(Zem)'을 지불하고 아이템을 구매할 수 있습니다.

명품 브랜드인 구찌가 주로 10대들이 이용하는 제페토에 군이 매장을 입점하고, 몇 천 원의 가격으로 구찌 아이템을 구매할 수 있게 한 것은 무엇 때문일까요? 여기에는 복합적인 이유가 있습니다.

성인과 달리 경제력을 갖추지 못한 대다수 10대에게 명품은 쉽게 다가갈 수 없는 이미지를 가지고 있습니다. 몇 백만 원, 몇 천만 원 하는 고가의 제품을 구매할 수 있는 10대는 극소수이기 때문입니다. 하지만 제페토 구찌 매장에서는 몇 천 원이면 구찌 아이템을 사서 내 아바타에게 입힐 수 있습니다. 이는 곧 브랜드 경험으로 이어집니다.

현재는 경제력을 갖추지 못했지만, 가까운 미래에 경제력을 갖춘 소비자가 될 10대에게 미리 구찌의 브랜드를 경험하게 함으로써 친숙한 이미지를 갖게 하는 것입니다. 미래의 고객을 키워내는 동시에 긍정적인 브랜드 이미지를 심는 것이죠.

또한 구찌는 제페토에 매장을 입점함으로써 브랜드의 이미지를 친숙하게 하는 마케팅 효과와 더불어 추가적인 아이템 판매 수익까지 얻을 수 있었습니다. 하나의 아이템은 단돈 몇 천 원으로 판매되지만, 제페토가 전 세계에 2억 명 이상의 유저를 확보하고 있는 것을 생각해본다면 총 판매수익은 결코 적지 않을 것입니다.

메타버스 플랫폼을 활용한 브랜드 홍보를 기획한 기업이 구찌만 있는 것은 아닙니다. 구찌와 제페토의 컬래버레이션보다 앞선 2020년 5월, 발렌티노(Valentino)는 닌텐도 스위치 '모여봐요 동물의 숲'에 자신들의 컬렉션 의상을 제공하는 행사를 진행했습니다.

'모여봐요 동물의 숲'과 발렌티노의 컬래버레이션

　'모여봐요 동물의 숲'에는 '마이디자인'이라는 기능이 있어, 다른 유저가 공개한 옷을 복제할 수 있는데, 이 기능을 활용해 발렌티노가 자사의 의상을 제공한 것이죠. '모여봐요 동물의 숲' 유저들은 자신들의 캐릭터에 발렌티노의 컬렉션을 입히고 게임을 즐길 수 있었습니다. 이 또한 게임 속에서 사람들이 자신들의 브랜드를 즐길 수 있게 함으로써, 브랜드 경험을 통한 마케팅 효과를 염두에 둔 것입니다.

　이러한 사례들은 구찌와 발렌티노 같은 특정 브랜드만의 독보적이고 특이한 마케팅이나 투자가 아닙니다. 그 밖에도 많은 기업이 메타버스 활용에 주목하며 관련 시장에 뛰어들고 있습니다. 실제로 구찌와 발렌티노 같은 의류사업 외에도 현대자동차가 제페토에 자사 차종인 쏘나타를 체험할 수 있는 드라이빙존을 오픈하였고, LG가 메타버스 기술을 적용한 온택트 갤러리(LG Signature Art Gallery)를 오픈하며 자사 가전 브랜드를 홍보했습니다.

현대자동차 쏘나타 드라이빙존 LG 시그니처 아트 갤러리

메타버스로 돈이 빠르게 움직인다는 것을 직접 확인할 수 있는 또 다른 방법이 있습니다. '블록체인 기반의 메타버스 플랫폼'을 살펴보는 것입니다. 대표적인 사례로 살펴볼 수 있는 플랫폼은 '더 샌드박스(The Sandbox)'와 '디센트럴랜드(Decentraland)'입니다.

더 샌드박스와 디센트럴랜드 모두 블록체인 기반의 메타버스 게임 플랫폼입니다. 이 두 플랫폼과 일반적인 게임 플랫폼과의 가장 큰 차별점은 '경제활동'에 있습니다. 메타버스 내에서 경제활동이 이루어질 수 있다는 것은 메타버스를 이해하는 데 있어 아주 중요합니다. 메타버스 세계 속에서 재화나 용역의 생산과 소비가 이루어진다는 것은, 가상세계와 실제세계가 교차되고 융합되는 하나의 지표가 될 수 있기 때문입니다.

그동안 대부분의 사람이 실제세계에서 돈을 벌고 경제활동을 해왔습니다. 극히 일부의 사람만이 인터넷을 기반으로 하는 가상세계에서 돈을 벌 수 있었습니다. 그러나 블록체인 기반의 메타버스 플랫폼의 등장은 가상세계에서의 활동을 통해 누구나 돈을 벌 수 있는 구조적

구분	더 샌드박스	디센트럴랜드
공통점	블록체인 기반의 메타버스 게임 플랫폼	
모습		
창조활동	- 게임메이커(GameMaker) - 복스에딧(VoxEdit)	- 빌더(Builder) - 소프트웨어 개발 키트(SDK)
시장 거래	더 샌드박스 마켓플레이스 	디센트럴랜드 마켓플레이스
화폐(토큰)	- 샌드(SAND)	- 마나(MANA)
자산(랜드)	 - 가상부동산 랜드(LAND) - 좌표를 가지고 있으며 개인 간 의 랜드 거래 가능	 - 가상부동산 랜드(LAND) - 좌표를 가지고 있으며 개인 간 의 랜드 거래 가능

더 샌드박스와 디센트럴랜드 경제활동 비교

틀을 제시해주고 있습니다.

　그렇다면 구체적으로 이러한 메타버스 플랫폼 안에서의 경제활동은 어떻게 이루어질까요? 더 샌드박스와 디센트럴랜드에서 이루어지는 경제활동의 핵심 요소는 '창조활동', '시장거래', '암호화폐', '자산과 현금화'로 설명할 수 있습니다.

　'창조활동'의 핵심은 '유저(User)가 메타버스 플랫폼 안에서 직접 무언가를 만들고 그것을 활용'할 수 있는 것입니다. 과거에 게임을 이용하는 유저들은 개발사가 만들어서 배포하는 게임을 즐기는 소비자였습니다. 하지만 최근 메타버스 게임 플랫폼들은 유저가 소비자임과 동시에 생산자의 역할을 할 수 있는 기능을 제공하기 시작했습니다. 즉 유저가 메타버스 플랫폼 안에서 활용할 수 있는 아이템, 캐릭터, 건물 등을 직접 제작할 수 있게 된 것이죠.

　더 샌드박스는 3D게임을 만들 수 있는 '게임메이커'와 복셀(voxel) 기반 NFT를 창조할 수 있는 '복스에딧' 기능을 제공합니다. 디센트럴 랜드는 별도의 프로그램을 다루지 못해도 공간과 건물을 쉽게 제작할 수 있는 '빌더'와 코딩을 사용하여 좀 더 복잡한 공간을 창조할 수 있는 '소프트웨어 개발 키트(SDK)' 기능을 제공합니다.

　이렇게 유저들에 의해 만들어진 창작물(asset)은 플랫폼의 '마켓플레이스'에서 거래할 수 있습니다. 창작물 거래는 각 플랫폼의 '화폐'를 통해 이루어집니다. 더 샌드박스의 화폐는 '샌드(SAND)'이며, 디센트 럴랜드의 화폐는 '마나(MANA)'입니다. 이 화폐들은 '게임머니'가 아닌 '암호화폐'입니다.

일반적인 온라인 게임에서는 게임 내에서 통용되는 화폐 개념의 게임머니가 존재합니다. 유저는 게임머니로 아이템을 구매하고 거래를 합니다. 단, 이 게임머니는 공식적으로는 현금화할 수 없습니다. 게임 안에서만 사용되는 화폐이며, 그 게임을 하지 않는 사람에게는 휴짓조각과 다름없습니다.

하지만 더 샌드박스, 디센트럴랜드의 화폐는 '암호화폐'입니다. 암호화폐는 네트워크 안에서의 안전한 거래를 위해 암호화 기술을 사용한 일종의 디지털 자산입니다. 즉 '샌드'와 '마나'는 암호화폐이기 때문에 업비트, 빗썸 등의 '암호화폐 거래소'에서 달러나 원화 등으로 '현금화'할 수 있습니다.

메타버스 플랫폼 시장거래의 핵심은 바로 이 '암호화폐'에 있습니다. 유저는 암호화폐를 현금화하여 일상생활에서 사용할 수 있습니다. 회사에서 일을 하고 받은 월급으로 옷을 사고 맛있는 것을 사 먹는 것처럼 메타버스 플랫폼 안에서 제작한 아이템을 판매하고, 수익금을 인출, 현금화하여 맛있는 저녁을 사 먹을 수 있는 것입니다. 이것은 현실세계와 가상세계가 교차하는 지점이라고 볼 수 있습니다.

또한 이 암호화폐로 메타버스 플랫폼 내의 가상부동산인 랜드(LAND)를 구매할 수도 있습니다. 현실세계에서의 부동산이 수요와 공급에 의해 가격이 결정되는 것처럼, 랜드 역시 거래량과 가치에 따라 가격이 유동적으로 결정됩니다. 유저는 가상세계의 토지인 랜드를 구매하고, 그 랜드 위에 쇼핑센터, 갤러리 등의 건물을 올리거나 게임, 콘텐츠 등을 제작하여 직접 수익을 창출하는 상업활동을 할 수 있습니다. 그리고 그 토지와 건물을 함께 다시 판매할 수도 있습니다.

이처럼 '블록체인 기반의 메타버스 플랫폼'들이 제공하는 기능과 유저가 할 수 있는 일의 범위를 생각해본다면, 단순하게 '메타버스 시장에 많은 기업과 개인이 자본을 투자하고 있다'를 넘어서 '메타버스 자체로서 경제활동이 가능해지고 있다'는 것을 확인할 수 있습니다.

이는 메타버스를 이해하는 데 있어 아주 중요한 지점이 될 것입니다. 현대인은 경제활동을 하지 않고는 살아갈 수 없습니다. 모든 것을 내 손으로 자급자족할 수 있는 시대가 아니기 때문에, 의식주를 해결하기 위해 돈이 필요하며, 경제활동은 생존을 위해 필수적입니다.

만약 메타버스가 단순히 유희적 측면만이 강조된 게임이나 VR에 국한된 것이라면, 메타버스는 한순간의 유행처럼 번지다가 사라질 것입니다. 사람들의 관심은 금방 식고 새로운 다른 것을 찾게 될 것입니다. 하지만 메타버스가 정말로 사회·문화·경제적 활동이 가능한 세계라면 앞으로 더 발전하고 확대될 것입니다.

많은 기업이 메타버스에 주목하고, 메타버스 시장에 돈을 투자하고, 메타버스 콘텐츠를 개발하는 데 집중하는 것은 메타버스가 가진 '생산성'의 가치와 '메타버스 경제의 발전 가능성' 때문입니다. 메타버스 세계에서 소비와 생산, 거래와 경제적 가치가 창출된다면, 자연스럽게 사람들이 모일 것입니다. 그리고 많은 사람이 모이면, 그것은 곧 빠르게 우리의 삶 속에 들어올 것입니다. 이것이 바로 우리가 메타버스에 주목해야 하는 이유입니다.

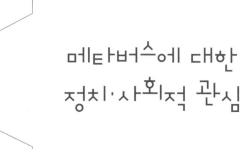

메타버스에 대한
정치·사회적 관심

이번에는 정치와 사회 속 메타버스에 대한 이야기를 해보려고 합니다. 앞서 살펴봤듯이 경제 관련 분야는 메타버스에 대한 관심이 높고, 적극적인 투자가 이루어지고 있는 분야입니다. 그렇다면 우리의 일상생활에서는 어떠할까요? 메타버스에 대한 사회적 관심의 정도는 어떠할까요?

의외로 정치적으로 게임, SNS, 메타버스를 활용하고자 하는 시도들이 꽤 많았습니다. 먼저 정치권에서의 가장 유명한 사례는 미국 대통령 조 바이든의 '모여봐요 동물의 숲'(이하 동물의 숲)을 활용한 선거운동입니다.

2020년 9월, 바이든의 선거캠프는 동물의 숲에 유권자들이 자유롭게 방문할 수 있도록 '바이든 섬'을 만들었습니다. 바이든 섬에 방문한 유저들은 바이든을 본떠 만든 아바타 '조(Team Joe)'를 만나 말을 걸 수

'모여봐요 동물의 숲' 바이든 선거 캠프
출처: Makena Kelly, Team Joe Twitter

있었고, 섬에 세워진 집무실을 구경할 수 있었습니다. 또한 바이든 진영임을 나타낼 수 있는 4종 디자인의 표지판을 다운받아 자신의 섬에 설치할 수도 있었습니다. 바이든의 지지자들은 이 섬을 방문하여 인증샷을 남기고 SNS에 업로드하는 등 자발적으로 선거운동에 참여하는 모습을 보였습니다.

코로나로 인한 팬데믹 속에서 대선을 치러야 했던 당시의 상황과 동물의 숲의 폭발적인 인기를 생각해본다면, 온라인 공간의 게임 플랫폼을 활용한 기발하고 영리한 선거전략이었던 것으로 보입니다.

해외에서 게임 플랫폼을 활용한 정치적 사례로 바이든의 선거캠프를 꼽는다면, 국내에서는 문재인 정부의 마인크래프트를 활용한 어린이날 행사를 사례로 들 수 있습니다.

2020년 5월, 정부는 어린이날을 맞이하여 '청와대 랜선 초청 특별 관람' 영상을 홍보하고, 청와대 마인크래프트 맵을 배포했습니다. 코로나19로 인한 사회적 거리두기가 진행되는 시점에서, 매년 청와대에

마인크래프트를 활용한 문재인 정부의 청와대 랜선 초청 특별관람
출처: 청와대유튜브

서 진행하던 어린이날 행사를 비대면으로 전환하며 마인크래프트를 활용한 것입니다.

조 바이든의 선거운동이나 청와대 랜선 초청 특별관람의 사례는 코로나로 인한 사회환경의 변화 및 분위기에 따른 정치권의 발 빠른 대응으로 보입니다. 그리고 이러한 움직임은 2021년에 더 다양한 방식으로 시도되었습니다.

먼저 메타버스를 정당 차원에서 적극적으로 활용하고자 하는 움직임을 보인 것은 더불어민주당입니다. 더불어민주당은 2021년 8월, 대선 경선 후보자들을 대상으로 한 메타버스 캠프 입주식을 개최했습니다. 또한 당의 최고위원회의를 오프라인 공간이 아닌 메타버스 플랫폼 안의 회의실에서 실시하였습니다. 이 회의에서 국회의원들은 아바타와 화상카메라를 결합한 모습으로 등장했으며, 회의 과정은 유튜브로 생중계되었습니다.

한편 개인적 차원에서 메타버스 플랫폼을 활용한 국회의원들도 있

　　　　　　　　　　　　1부. 교사가 왜 메타버스를 알아야 할까?

정세균_슬기로운 국회생활

유승민_희망광장

이낙연_내 삶을 지켜주는 나라

원희룡_업글희룡월드

습니다. 이재명, 원희룡, 이낙연, 정세균, 박주민 등의 국회의원들은 제페토를 활용하여 국회의원 사무실, 광장 등을 제작하여 오픈하거나 개인 계정을 공개했습니다. 제페토 안에서 자신의 정치적 정체성을 홍보할 수 있는 공간을 만들고, 그 공간 안에서 행사를 진행하고 유권자들을 만나는 것은 새로운 방식의 선거전략입니다.

　이러한 메타버스를 활용한 정치활동이나 선거운동은 일회성으로 끝나는 이벤트일까요? 한순간의 유행으로 사라질까요? 아니면 새로운 소통의 창구가 될 수 있을까요?

이러한 의문과 논란은 새로운 매체가 등장할 때마다 반복되어왔습니다. 한때 SNS, 유튜브를 통한 정치적 홍보가 금지되었던 적이 있습니다. 당시에는 인터넷을 활용한 선거운동에 대한 긍정적인 시각과 부정적인 시각이 공존했으며 여러 논쟁이 있었습니다. 하지만 시간이 지난 오늘날에는 SNS, 유튜브, 인터넷 웹사이트를 활용한 선거운동이 자유로우며 적극적으로 사용되고 있습니다.

이러한 점으로 미루어볼 때 지금의 메타버스를 활용한 정치 홍보, 선거운동은 극히 일부에서 이루어지고 있으나, 앞으로의 미래 사회에서는 지금보다 많은 분야에서 더 적극적으로 활용될 가능성이 충분해 보입니다.

메타버스에 대한 관심은 정치권뿐 아니라 일상생활과 관련된 여러 영역에서도 함께 이루어지고 있습니다. 그중에서도 특히 눈에 띄는 것은 은행권의 움직임입니다.

KB국민은행은 국내 은행권 중 선두로 메타버스 플랫폼의 활용을 시도하고 있는 은행입니다. KB국민은행은 2021년 7월, 자사 금융 서비스를 '게더타운(Gather)' 플랫폼에서 시행하고자 테스트베드(Test Bed)를 진행했습니다. 테스트베드에 참여한 유저들은 게더타운의 'KB 금융타운'에 접속하여 가상공간의 은행을 체험할 수 있었습니다. 아바타를 움직여 은행 창구를 방문하면, 창구업무를 보는 직원의 아바타를 만나 화상으로 대화를 진행할 수 있고, 자신의 차례를 기다리면서 로비에 준비된 미니 게임을 즐기기도 했습니다. 테스트베드였기 때문에 입·출금 같은 실제 은행 업무가 이루어지지 않았지만, 게더타운을 활용해 보여준 KB금융타운의 모습은 은행 업무를 디지털 플랫폼에서 어떻게 진행할 수 있을지에 대한 대안을 보여준 사례였습니다.

하나은행은 2021년 7월, '제페토'를 활용해 자사 인천 청라 연수원을 본떠 만든 '하나글로벌 캠퍼스'를 구현했습니다. 신입사원들은 오프라인이 아닌 온라인 공간, 제페토에 접속해서 멘토링 프로그램 벗바리 활동을 진행하며 메타버스를 경험했습니다. 하나은행은 뒤이은 8월, 메타버스 전담 조직인 디지털 혁신 태스크포스팀(TFT)을 신설하기도 했습니다.

제주은행 시상식

제페토를 활용한 행사를 진행하거나 홍보의 일환으로 사용하는 은행들은 하나은행 외에도 광주은행, 부산은행, 제주은행 등 여럿이 존재합니다. 광주은행은 'MZ세대와 은행장의 톡톡데이' 행사를, 제주은행은 '상반기 업적평가대회' 시상식을 제페토에서 진행했으며, 부산은행은 BNK IT센터를 제페토 월드맵에 개

광주은행 가상월드

BNK 부산은행

설했습니다.

이처럼 은행권에서 메타버스 플랫폼을 활용하고자 하는 움직임, 특히 KB국민은행의 '게더타운을 활용한 금융타운' 형태의 시도들이 나타난 것은 '은행업무의 온라인 가속화'와도 연관이 있습니다. 과거에는 예금, 적금, 대출 상담 등의 은행 업무를 보기 위해 사람들이 영업점에 직접 방문해서 적지 않은 시간을 들여야 했습니다. 하지만 폰뱅킹, 인터넷뱅킹 등 비대면 온라인 서비스가 활성화되면서, 우리는 굳이 영업점을 방문하지 않아도 많은 부분의 은행 업무를 처리할 수 있게 되었습니다.

인터넷을 활용한 PC, 스마트폰으로 은행 업무를 보는 사람이 많아질수록 영업점의 필요성은 점점 줄고, 이는 곧 영업점의 실적 악화로 이어집니다. 영업점 운영에 들어가는 인건비와 월세 등의 지출 비용은 고정적인데, 온라인 가속화에 코로나가 겹치면서 은행을 방문하는 사람의 숫자는 더 줄고 있기 때문입니다.

이러한 맥락에서 살펴본다면 은행권의 메타버스 플랫폼의 활용은 영업점의 축소와 통폐합, 실적 악화 등의 여러 문제를 해결해보고자 하는 하나의 방법이자 시도로 해석해볼 수 있습니다.

물론 아직 국내 은행은 메타버스 플랫폼을 활용해 연수, 홍보, 행사 등을 진행하는 정도에 국한되지만, 해외의 사례를 살펴보면 메타버스가 우리 삶과 더 깊이 연관될 미래의 모습을 상상해볼 수 있습니다.

예시로 미국의 금융지주회사 캐피털원(Capital One)이 개발한 오토 네비게이터(Auto Navigator)를 들 수 있습니다. 오토 네비게이터는 고객이 자신의 자동차를 촬영하면 해당 차량에 필요한 대출 정보를 제공하는 앱(app)입니다. 기존에 오프라인 지점에서 진행하던 대출 실사 업무를 AR 기술을 연계한 앱을 통해 진행함으로써, 지점의 고객 정보에 따른 예상 대출액을 파악하고, 앱을 통해 실제 대출 절차 등을 처리할 수 있게 한 것입니다.

현재 금융권에서는 IT 기술의 발전과 더불어 금융시장에도 변화가 생길 것이라는 예측하에 미래를 대비할 여러 방법을 모색 중이며, 앞으로의 핵심 IT 기술을 '메타버스'로 보고 있습니다.

금융권의 이러한 시각은 메타버스에 대한 사회적 관심을 보여줌과 동시에, 메타버스가 지금보다 더 일상생활과 밀접해질 수 있을 것이라는 미래 전망을 예측하게 합니다. 이미 경제, 정치, 사회 곳곳에서 메타버스와 관련된 여러 변화들이 시작되고 있습니다.

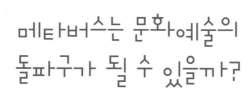

메타버스는 문화예술의 돌파구가 될 수 있을까?

2020년, 코로나19 확산으로 인한 사회적 거리두기가 실시되고, 거리두기 단계에 따라 그동안 대면 활동을 기반으로 이루어지던 활동들이 전면 금지되거나 대폭 축소되었습니다. 다른 분야와 마찬가지로 문화예술 분야도 자유로울 수 없었습니다. 대부분의 공연과 전시가 취소되었습니다.

이러한 시기에 주목받기 시작한 메타버스는 문화예술의 어려움을 해결할 수 있는 돌파구가 될 수 있을까요? 기존과 다른 문화예술 생태계를 구축할 실마리를 제공할 수 있을까요? 문화예술이 가진 현장성을 획득하고, 몰입과 감동의 경험을 불러올 수 있을까요?

질문에 대한 답과 해결의 실마리를 찾기 위해서는 문화예술 분야에서 메타버스가 어떻게 활용되고 있는지를 살펴볼 필요가 있습니다. 따라서 이번에는 경제, 정치, 사회를 지나 전시·공연 분야에서의 메타버스 활용 사례를 살펴보고, 블록체인 기반의 NFT 예술 시장에 대해서도 이야기해보고자 합니다.

먼저 문화예술 '공연' 분야의 메타버스 사례를 이야기할 때 빠짐없이 등장하는 공연이 있습니다. 미국의 힙합 가수 트래비스 스콧(Travis Scott)의 포트나이트(Fortnite) 공연입니다. 트래비스 스콧의 공연이 자주 언급되는 이유는 이 공연이 '가상공연의 새로운 시도'임과 동시에 '성공적인 흥행' 기록을 남겼기 때문입니다.

게임 기반의 메타버스 플랫폼 포트나이트에서 진행된 스콧의 '아

트래비스 스콧의 포트나이트 공연
출처: Travis Scott Youtube

스트로 노미컬(Aastro nomical)' 월드투어는 아바타를 기반으로 한 콘서트였습니다. 포트나이트 '파티로얄' 공간에 트래비스 스콧을 쏙 빼닮은 거대 아바타가 등장해 신곡과 히트곡을 공연하는 동안, 유저들은 현실세계에서 경험할 수 없는 퍼포먼스를 관람하고 함께 체험할 수 있었습니다.

콘서트가 진행되는 동안 포트나이트 공간은 다양하게 변화했습니다. 트래비스 스콧의 아바타는 물속을 헤엄치고, 불을 가로지르며 번개를 이용한 다양한 퍼포먼스를 선보였고, 노래가 바뀔 때마다 변화하는 공간 속에서 유저들은 가상세계의 이점을 살린 흥미로운 경험을 했습니다.

이 공연의 흥행과 성공은 가시적 성과로 드러났습니다. 포트나이트에서 최초 공개한 트래비스 스콧의 신곡이 공연 후 빌보드 싱글 차트 1위를 차지했고, 포트나이트는 동시 접속자수 1,230만 명이라는 기록을 달성했습니다. 이 공연으로 인한 매출은 무려 220억 원에 달하였습니다.

트래비스 스콧의 2019년 공연 매출이 약 19억이었던 것을 생각해 본다면, 2020년 포트나이트에서의 공연은 10배 이상의 매출을 달성한 것입니다. 트래비스 스콧 공연의 흥행이 증명한 것은 메타버스 공연의 가능성과 방향성이었습니다.

한편 문화예술 '전시' 분야에서도 메타버스 속 문화예술 활성화의 가능성을 발견할 수 있습니다. 전시 분야에서 특히 눈에 띄는 시도는 2021년 소더비(Sotheby's)와 크리스티(Christie's), 두 경매 회사의 움직

디센트럴랜드의 볼테를 아트 거리에 입점한 소더비 전시장

임입니다. 특히 소더비는 블록체인 기반의 메타버스 플랫폼 '디센트럴랜드'에서 소더비 전시장을 오픈해 많은 사람들의 주목을 받았습니다. 디센트럴랜드의 볼테를 아트거리(좌표 52.83)에 입점한 '소더비 전시장'은 실제 소더비 건물의 모습을 본떠 구현한 장소입니다.

사실 소더비 경매에 실제로 참여할 여유가 있는 사람은 소수입니다. 한국에 있는 사람이 뉴욕에 있는 소더비 전시장에 방문해서 그림을 감상하고 경매에 참석하기 위해서는 많은 시간과 경비가 소요됩니다. 하지만 디센트럴랜드의 소더비 전시장은 모두에게 오픈되어 있으며, 물리적 제약에서 자유롭습니다. 누구나 자신의 집에서 디센트럴랜드의 소더비 전시장에 방문해서 다양한 NFT 예술작품을 감상할 수 있으며, 경매에 참여할 수도 있습니다.

소더비는 디센트럴랜드에 갤러리를 입점하는 것을 넘어 이후 '소더비 메타버스' 플랫폼을 구축하여 NFT 작품을 전시, 판매하는 등 적극적으로 메타버스를 활용하고 있습니다.

크리스티의 경우는 메타버스 플랫폼에 자사 전시장을 입점하지는 않았으나, NFT 예술 경매를 여러 차례 개최하며 디지털 아티스트를 발굴하고 있습니다. 그 유명한 비플(Beeple)의 NFT 작품을 경매한 것도 크리스티였습니다.

소더비와 크리스티, 이 두 경매회사의 2021년 행보의 공통점은 NFT 예술작품을 대상으로 한 온라인 경매를 개최하기 위한 플랫폼 활용에 소극적이지 않으며, NFT 미술품 경매에 이더리움(ETH), 비트코인(BTC) 등의 암호화폐 사용을 허용했다는 점입니다.

이런 세계적 경매회사들이 온라인 공간에서 경매를 진행하고, 디지털 예술작품을 적극적으로 취급할 수 있었던 결정적인 이유는 블록체인 기반의 NFT가 가진 특징 때문입니다.

메타버스에 대해 논의할 때 종종 함께 언급이 되는 NFT는 Non-Fungible Token의 약자로 '대체 불가능한 토큰'을 말합니다. 대체가 불가능한 이유는 '디지털 자산에 부여된 별도의 고유한 인식값'이 존재하기 때문입니다. 즉 각각의 NFT는 서로 다른 고유한 인식값을 가지기에 기존의 암호화폐와는 다른 개념으로 해석해야 합니다.

예를 들어 비트코인은 화폐의 개념으로, 내가 가진 비트코인을 다른 사람이 가진 비트코인과 일대일 교환하거나 거래할 수 있습니다. 이것을 '대체 가능한 토큰'이라고 합니다. 내 주머니 속 만원과 옆집 사람의 지갑 속 만원이 특별히 구별되지 않으며, 동일한 화폐의 가치로 교환, 사용되는 것과 유사한 개념입니다.

하지만 NFT는 앞서 말한 것처럼 고유한 인식값을 가지기 때문에 암호화폐처럼 동일한 가치로 교환될 수 없습니다. 화폐처럼 일대일로 교환되는 것이 아니라, 하나하나가 고유한 속성을 가집니다. 또한 블록체인 기술을 활용한 NFT가 발행되면 복제, 위조, 변조가 차단되고, 소유권, 거래 내역이 저장됩니다. 그래서 NFT는 일종의 '디지털 원본 증명서' 또는 '디지털 소유 증명서'처럼 활용됩니다. NFT가 디지털 아트에 '원본'의 개념과 '희소성' 그리고 '경제적 가치'를 부여하는 데 크게 일조한 것입니다.

이러한 NFT 아트로 현재 가장 주목받고 있는 디지털 아티스트는 단연코 비플(마이크 윈켈만(Mike Winkelmann), 활동명 Beeple)일 것입니다.

비플 〈Everydays: The First 5000 DAYS〉
(좌) 전체 이미지, (우) 이미지를 구성하는 일부 이미지
출처: onlineonly.christies.com

그가 단숨에 전 세계에 이름을 알릴 정도로 유명해진 것은 두 가지 이유 때문입니다. 첫째는 그의 NFT 작품 〈Everydays: The first 5000 DAYS〉의 낙찰 가격 때문이며, 둘째는 이 작품이 크리스티 경매에서 암호화폐 이더리움으로 결제되었기 때문입니다.

비플의 〈Everydays〉는 그가 2007년부터 2021년까지 13년간 매일 1장씩 그려 업로드한 작품들을 모아 컴퓨터로 콜라주 한 JPG 이미지입니다. 즉 실물로 존재하는 작품이 아닌 디지털 파일로 존재하는 작품입니다. 이 작품은 2021년 3월, 크리스티 경매에서 6,930만 달러(한화 약 783억 원)에 낙찰되는 기록을 세웠습니다.

300MB의 JPG 디지털 파일 한 장의 가격이 783억 원에 달하는 금액으로 판매되었다는 사실은 미술시장에 큰 충격을 가져다주었으며, NFT 예술시장에 사람들의 이목을 끌어당기는 효과를 불러왔습니다.

소더비, 크리스티 같은 세계적인 경매회사에서 메타버스 플랫폼을 활용하고, 신용카드나 현금결제와 동일하게 암호화폐로 예술작품을 구매할 수 있다는 사실이 가진 의미는 무엇일까요? 아마도 이 사건은 많은 사람의 흥미와 관심을 불러일으키는 동시에 메타버스와 NFT의 발전 가능성을 엿보게 해준 기회로 작용했을 것입니다.

그동안 상대적으로 비주류였던 디지털 아티스트들에게 새로운 NFT 예술시장이 열리는 기회일 수도 있습니다. 실제로 비플의 NFT 작품인 〈Everydays〉가 고가에 낙찰된 후 인터넷 포털 사이트에는 NFT를 만드는 방법, NFT 거래소에 내 그림을 판매하는 방법에 대한 정보들이 검색되고 업로드되는 등 사람들의 관심이 높아졌습니다. 트래비스 스콧의 포트나이트 공연 후, 메타버스 플랫폼을 이용한 콘서트가 늘고 관련 시장이 커진 것과 비슷한 움직임이죠.

물론 트래비스 스콧의 포트나이트 공연이나 비플의 NFT 작품 판매 사례는 보편적 성공 사례는 아닙니다. 아직 극소수의 성공 사례이며, 이러한 몇몇 사례만으로 미래를 예측하는 것은 섣부른 판단일 수 있습니다.

그래도 분명한 것은 이러한 시도와 사례들이 문화예술 분야에서 메타버스가 가진 잠재력과 가능성을 보여주는 청사진이 될 수 있다는 점입니다.

2장

교육의 새로운 기회

2020년과 2021년, 교육계의 가장 큰 이슈이자 새로운 변화는 코로나로 인한 온라인 개학과 원격수업이었습니다. 대한민국 건국 이래 최초의 온라인 개학으로 인해 학교는 엄청난 변화를 겪었습니다. 교사는 교실에서, 학생은 가정에서 각자의 공간에 앉아 화상 카메라를 켜고 온라인 플랫폼에 접속해 수업하는 모습을 2020년 이전에 상상해본 적이 있으신가요?

학교 현장에서 근무하지만 그동안 단 한 번도 상상해본 적 없던 모습이 눈앞의 현실로 다가왔을 때의 당황스러움과 놀라움을 기억합니다. 그리고 그 놀라움이 무색할 만큼 빠르게 적응해버린 어제의 모습도 기억합니다.

1992년, 닐 스티븐슨의 『스노 크래시』에서 가상공간과 메타버스라는 단어가 등장한 후부터 현재까지 가상현실, 가상공간, 세컨드라이프 등을 교육적으로 활용하려는 시도와 연구는 꾸준히 있었습니다.

그리고 2020년대에 접어들어서 교육계의 가장 뜨거운 이슈는 단연코

'코로나 상황 속에서 교육이 나아가야 할 방향'이었습니다. 코로나로 인해 전세계가 팬데믹 상황에서 허우적대고 있을 때, 메타버스는 다시금 새롭게 주목받았습니다.

2021년, 메타버스와 교육에 대한 최근의 논의들을 살펴보면 9월, 과학기술정보통신부의 '메타버스 회의의 진화' 포스팅, 10월, EBS 미래교육 플러스 '메타버스 교육현장을 바꾼다' 방영, 11월, 교육부 '메타버스가 미래교육에서 활용될 수 있는 방법은?' 국민서포터즈 기사 등이 있습니다.

이러한 TV방송, 홈페이지 기사, 블로그 포스팅 등을 통해 유추해볼 수 있는 것은 메타버스를 교육 현장에 적용해보고자 하는 기대 어린 시선들이 존재하며, 그것이 정부 부처의 홈페이지와 공영방송에서 드러나고 있다는 점입니다. 여러분, 메타버스는 교육의 새로운 기회가 될 수 있을까요? 우리는 메타버스를 교육에 어떻게 활용할 수 있을까요? 이 물음에 대한 답을 찾기 위해 이번 장에서는 메타버스의 교육적 활용 사례들을 살펴보고자 합니다.

과학기술정보통신부 & 교육부 포스팅
출처: 과학기술정보통신부, 교육부 블로그

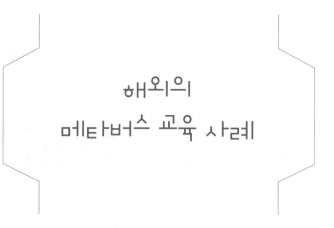

미국의 교육 분야 메타버스 활용 사례

미국에서는 메타버스 관련 기술을 교육 분야에 적용하기 위한 국가 차원의 정책을 개발하고 관련된 연구 개발을 지원하고 있습니다. 과학기술 연구 및 교육을 지원하는 연방정부 산하의 국립과학재단(National Science Foundation, NSF)에서는 VR 및 AR 기술의 교육적 활용을 위한 다양한 연구 개발 프로젝트에 보조금을 지급하고 있습니다. 현장 교육에서의 구체적인 활용 사례는 다음과 같습니다.

아메리칸 하이스쿨의 VR 고등학교

아메리칸 하이스쿨(American High School, AHS)은 사기업인 퀄컴 및 빅토리XR과의 협력을 통해 '국제 VR 고등학교(International VR High

아메리칸 하이스쿨의 가상 캠퍼스

School)'란 가상학교 프로그램을 도입했습니다.

이 가상학교에서는 전 세계 학생들을 대상으로 중학교 및 고등학교 교육 과정을 온라인으로 제공합니다. 온라인으로 교육 과정을 제공하기 때문에 여러 가지 이유로 기존의 전통적인 학교 체제를 이용하기 어려웠던 학생들에게 좋은 대안이 되고 있습니다.

국제 VR 고등학교는 미국 학력인증기관의 인증을 받았기 때문에 졸업 시 학위 취득이 가능합니다. 학생들은 가상 캠퍼스에 출석하여 수업에 참여하고, VR 교실에 모여 상호작용하며, 실감형 수업에 참여합니다. 실감형 수업이 갖는 장점은 2차원 화면이 아닌 3차원이 제공하는 현실감입니다.

학생들은 인간의 장기를 3차원 이미지로 들여다볼 수 있는 생물학 수업, 분자의 구조를 이해하는 화학 수업, 과거의 역사 현장을 마치 실제로 체험하는 듯한 역사 수업 등을 통해 차별화된 교육을 받습니다.

스미소니언 재단과 미 항공우주국의 AR 교육

연방정부가 설립한 교육재단이자 문화기관인 스미소니언 재단은 AR 기기를 통해 스미소니언박물관 소장품을 실물 크기로 체험할 수 있는 프로그램을 제공하고 있습니다. NASA에서도 교사들이 수업에 활용할 수 있는 실감형 교육자료를 제공하며, 학생들은 이를 통해 우주정거장의 생활을 경험하거나, 다른 행성을 탐험하는 활동을 경험할 수 있습니다. 또한 로켓 발사 과정을 바로 옆에서 관찰 가능한 VR 프로그램도 이용할 수 있습니다.

스미소니언 재단의 자연사 박물관(VR 활용)

구글의 아트앤드컬쳐 플랫폼과 마이크로소프트의 홀로렌즈

미국의 세계적인 IT 기업들 역시 메타버스 활용 교육을 위한 플랫폼 및 제품 개발에 적극적입니다. 대표적으로 구글의 '아트앤드컬쳐'와 마이크로소프트의 '홀로렌즈'가 있습니다.

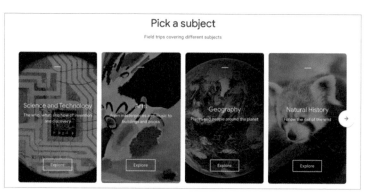

구글 아트앤드컬처 웹사이트 중 일부

구글의 '아트앤드컬처' 플랫폼은 실감형 현장체험학습을 지원합니다. 교사용 기기와 학생용 기기를 연결하여 세계적인 문화유적지, 자연환경, 박물관 등을 구현한 가상공간으로 현장체험학습을 떠날 수 있습니다.

마이크로소프트 '홀로렌즈'는 혼합현실(Mixed Reality)을 구현하는 기기입니다. 혼합현실은 현실(Reality)과 가상세계(Virtuality)를 혼합하여 현실적인 가상세계를 구현하는 기술을 포괄하는 용어로 현실세계에 가상의 이미지를 덧입히는 증강현실(AR)도 일종의 혼합현실입니다.

마이크로소프트 홀로렌즈 소개 장면

홀로렌즈를 통해 학생들은 실감형 의학 수업을 경험할 수 있으며, 이 링크(https://youtu. be/gzUTT1Kygo4)의 영상에서 홀로렌즈가 의학 분야에서 어떻게 활용되는지 확인할 수 있습니다. 예를 들면 혈류와 함께 인체 곳곳을 이동할 수 있고, 인체의 일부를 확대해볼 수 있으며 심지어 인체 조직의 내부에서 걸어볼 수도 있습니다.

영국의 교육 분야 메타버스 활용 사례

영국은 스코틀랜드의 지방자치단체에서 관할 지역의 학생들이 사용할 수 있도록 한화 약 4억 원을 지원하여 VR헤드셋을 구입했고 학교 단위로 전개되는 VR헤드셋 지원 프로젝트도 시행하고 있습니다. VR헤드셋이 제공하는 기능을 이용하여 학습 내용에 대한 생생한 경험을 제공하고, 학생의 학습에 대한 관심과 흥미를 유발하고 있습니다.

워릭초등학교(Warwick Primary School)의 1학년 학생들은 VR헤드셋을 통해 달을 여행한 경험을 바탕으로 작문하며, 4학년 학생들은 화성을 탐사하고, 가상의 심해 탐험을 통해 상어의 구조를 학습합니다. 또한 과거 로마 시대를 여행하는 경험도 합니다.

워릭초등학교 4학년 학생들의 VR 활용 수업 모습

영국의 일부 학교는 쌍방향 몰입교실(interactive immersive classroom)을 운영하고 있습니다. 이는 영상을 프로젝터나 TV를 통해 화면을 보여주는 기존 수업에서 진보한 것으로 VR 기기가 없더라도 한 공간에 있으면 VR에서 제공하는 영상과 음향을 모든 학생이 공유할 수 있는 것입니다.

구체적 사례로 화가 모네의 정원을 산책하거나 놀이공원에서 롤러코스터를 타기도 하고, 북극의 빙하를 보러 가기도 합니다. 과학교과에서는 쌍방향 몰입교실의 360도 비디오 기능을 활용하여, 벌이 날아다니면서 꽃가루를 모으는 모습이나 인간의 신체 기관을 살펴보는 등 수업의 재미와 흥미를 높이고 학생의 개념 이해를 돕고 있습니다.

쌍방향 몰입교실 수업의 예
출처: The Enquire Learning Trust와 Humberston Cloverfields Academy

1부. 교사가 왜 메타버스를 알아야 할까?

독일의 교육 분야 메타버스 활용 사례

독일은 학교 디지털화를 지원하기 위한 일환으로 '학교를 위한 디지털 협약(Digitalpakt Schule)'을 통해 2020년에 총 15억 유로(한화 약 2조 600억 원)를 학교 현장에 투입하기로 했습니다. 이를 통해 학교 건물 내에 네트워크 구축 및 개선, 무선랜 설치, 디지털 교수학습 기반 시설의 구축(예: 학습 플랫폼, 작업 플랫폼, 포털 사이트, 클라우드 등), 기술 및 과학 교육 또는 직업 교육을 위한 디지털 작업 장비 제공, 학교 관련 모바일 기기(컴퓨터, 노트북, 태블릿PC) 등을 지원하였습니다.

이러한 진전된 디지털 기반 시설을 바탕으로 실감형 교육 콘텐츠가 실제로 교육 현장에서는 다음과 같이 활용되고 있습니다.

야생 세계로의 원정(Expedition Wilde Welten)

생물 수업에 VR 기술을 접목한 사례로 산림 관리인과 함께 숲, 초원, 황무지를 통해 가상으로 자연을 탐험합니다.

야생 세계로의 원정 장면

이 콘텐츠에는 과제 해결 및 실험을 위한 실습 소책자뿐만 아니라 교사가 디지털 학습 자료로 사용할 지침을 포함하고 있습니다.

2049년으로의 시간 여행(A ride in 2049)

도시 계획가와 미래학자의 모델과 비전을 생생하게 재현하는 콘텐츠로써 2049년 독일 프랑크푸르트, 미국 시카고와 로스앤젤레스를 가상으로 둘러볼 수 있는 VR 체험입니다. 학생들은 2049년의 시간 여행을 통해 미래 도시의 다양한 모습을 경험하고 이를 통해 오늘 우리가 내리는 결정이 2049년 도시의 모습에 영향을 끼칠 수 있다는 것을 배웁니다.

A RIDE IN 2049 장면

직업 VR(Beruf VR)

학생들이 가상으로 100개 이상의 전문 분야를 경험할 수 있는 콘텐츠로서 수백 가지 직업의 정보를 얻을 수 있습니다. 특히 어떠한 직업을 가지고 싶은지 뚜렷하게 정하지 못한 청소년들에게 다양한 직업 체험을 제공하여 스스로 영감을 얻는 데 도움을 줍니다. (www.berufvr. com 참고)

BERUF VR 장면

연방의회 360도(Bundestah 360°)

지리, 역사, 정치, 사회, 과학 과목은 VR 및 AR 기술 사용으로부터 많은 혜택을 받을 수 있습니다. 자연, 인공물, 건물, 역사적 장소, 사라진 물건 및 도시의 랜드마크 등을 주제로 다룰 수 있습니다. 예를 들면 베를린을 방문하지 않고도 수많은 360° 파노라마 영상을 통해 정부 지구 및 연방의회의 다양한 정보를 얻을 수 있습니다.

BERUF VR 장면

일본의 교육 분야 메타버스 활용 사례

일본은 GIGA 스쿨 구상을 통해 학생 1명당 1대의 태블릿PC와 인터넷 환경정비에 속도를 내고 있으며, 위드 코로나 시대에 대비한 비대면 교육 방안도 다양하게 탐색해나가고 있습니다.

한때 미국에서 운영했던 '세컨드 라이프(Second Life)'라는 메타버스 플랫폼을 일본 대학들이 많이 활용했습니다. 현재는 교육, 연수, 실습 등 여러 분야의 교육활동에 증강현실(Augmented Reality, AR), 가상현실(Virtual Reality, VR)로 메타버스를 활용하고 있습니다.

코로나19 이후 메타버스 플랫폼을 활용하여 졸업식이나 학교 설명회 등을 가상세계에서 개최하고 참가자가 아바타를 통해 실시간으

1부. 교사가 왜 메타버스를 알아야 할까?

로 교류하게 했습니다.

2021년 2월 오사카 한난대학과 한난대학고등학교는 닌텐도의 '모여봐요 동물의 숲'을 활용하여 졸업생을 위한 교류 장소를 제공했습니다. 가상의 섬에 대학교, 고등학교, 졸업식장 3개의 영역을 재현하고, 대학교 로고가 새겨진 티셔츠, 축구부 유니폼, 고등학교 교복을 제공했습니다. 그리고 고등학교 졸업생과 대학교 졸업생에게 섬을 개방하여 졸업생끼리 교류할 수 있도록 했습니다.

홋카이도과학대학은 닌텐도의 '모여봐요 동물의 숲(이하 동물의 숲)'에서 VR 졸업식을 기획했습니다. 아바타로 접속한 동물의 숲에 접속한 학생들은 학위를 수여받고, 교수와 함께 사진을 촬영하는 등 즐거운 시간을 보냈습니다.

한난대학의 '모여봐요 동물의 숲'을 활용한
졸업생 교류 장소

홋카이도과학대학의 VR 졸업식

2016년 4월에 개교한 통신제 고등학교인 'N 고등학교'는 오키나와현에 본교를 두고 있는 사립 통신제 고등학교로 일본에서 가장 큰 통

N고등학교 보통과
프리미엄 코스의 VR 수업

N고등학교 보통과
프리미엄 코스의 VR 수업

신제 고등학교입니다. 대다수의 수업이 인터넷 기반의 실시간 강의로 실시되고 있습니다. 특히 2021년 4월부터 VR 학습과 영상 학습으로 진행되는 '보통과 프리미엄'을 시작하였습니다. 수학 시간에 오큘러스 퀘스트 2(VR 장비) 헤드셋을 활용하여, 가상공간에서 도형을 이동시키거나 360도 회전하는 등의 활동을 통해 학생들이 대상을 입체적으로 인식하며 학습을 진행할 수 있었습니다.

영어 회화시간에는 말풍선 안의 예문을 선택하여 회화를 진행하였는데, 이러한 방식은 진학이나 취업 면접 연습에도 활용하고 있습니다. 인공지능(AI)도 활용하여 개별로 최적화된 문장을 제공하고 발음과 말하는 속도를 분석하여 회화 능력을 평가해주는 '스마트 튜터'도 도입하고 있습니다.

학습뿐 아니라 다양한 교육활동에도 메타버스를 활용하고 있습니다. 예를 들어 가상공간에서 신입생 환영회를 열어 친구들과 볼링이나 탁구를 즐기기도 하고, 노래방에서 노래를 부르기도 합니다. 제스처를

N고등학교의 다양한 메타버스 활동
출처: N고등학교 홈페이지

동반한 실시간 대화뿐 아니라 함께 건물을 건축할 수 있으며, 그림을
그려서 전시하거나 사진을 찍어 게재하는 것, 아이콘으로 음식을 나눠
먹는 활동까지 하고 있습니다.

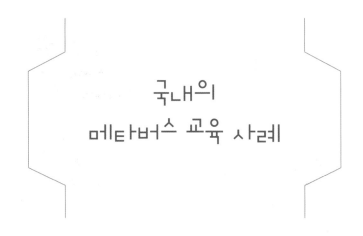

국내의 메타버스 교육 사례

앞에서 알아본 여타 선진국들의 활용 사례 못지않게 국내에서도 메타버스에 대한 활용 사례가 많습니다. 해외의 경우 주로 AR, VR 위주의 메타버스 활용이 많은 반면, 국내는 우수한 IT 인프라를 기반으로, 다양한 메타버스 플랫폼을 활용하는 것이 특징입니다. 이번 절에서는 국내의 메타버스 교육 사례를 살펴보겠습니다.

교육 분야 메타버스 활용 사례

코로나19 이후 학교 현장에서 원격수업의 대명사로 자리 잡은 것은 '화상 수업'을 중심으로 이루어지는 실시간 쌍방향 수업이었습니다. 현재까지는 이 '실시간 쌍방향 수업'이 교육부에서 적극 권장하는 원격

수업이며, 교사들이 가장 많이 활용하는 방식입니다.

그리고 최근 아직 일반적이지 않지만 정부 부처, 교육지원청에서 메타버스에 교육을 접목시키려는 여러 시도들이 늘고 있습니다.

인천크래프트

인천광역시는 인천시 교육청과 함께 메타버스를 활용한 교육 사업에 나서고 있습니다. 이름에서 알 수 있듯이 인천크래프트는 메타버스 플랫폼, '마인크래프트'를 활용해 인천을 체험할 수 있게 한 가상의 세계입니다.

인천광역시는 2021년 8월, 광복절을 맞아 '인천크래프트 1945' 이벤트를 개최하며, 인천의 독립운동 장소를 구현하고, 독립운동가 캐릭터를 제작하는 등 인천크래프트를 행사에 활용했습니다.

인천광역시가 주최한 '인천크래프트 1945' 행사

인천광역시에서 개최한 '인천크래프트 1945'는 일반인을 대상으로 공개된 이벤트였지만, 사실 교육적으로도 충분히 활용할 수 있을 만한 주제와 시의성을 가진 행사였습니다. 인천광역시는 이 '인천크래프트'를 교육적으로 활용할 수 있도록 교사 연수 및 학생에 대한 교육을 지원할 예정입니다.

대구광역시교육청

대구광역시교육청은 메타버스를 적극적으로 교육에 활용하고 있습니다.

2021년 10월, 대구광역시교육청은 공모를 통해 메타버스를 교육과정에 도입·활용해보고자 하는 '메타버스 활용교육 선도학교'를 선정하였습니다. 선정된 학교는 총 10개교(초 4교, 중 3교, 고 2교, 특수학교 1교)이며, 2023년 2월까지 다양한 종류의 메타버스를 활용한 교육 방안을 모색하게 됩니다.

또한 교육청에서 주관하는 행사를 메타버스 플랫폼에서 개최하기도 했습니다. 2021년 11월 '글로벌 동아리 메타버스 페스티벌'이 대표 사례입니다. 대구광역시교육청은 학생들의 동아리활동 결과물을 전시하고, 학생들이 참여할 수 있는 공간을 메타버스 플랫폼 '게더타운'에 구축하였습니다. 이는 2020년의 동아리 페스티벌과 비교했을 때 그 방식에서 차이가 확연히 느껴집니다.

2020년에는 코로나19로 인한 사회적 거리두기 때문에 동아리 페스티벌을 대면 행사로 진행할 수 없게 되자, 학생들의 동아리활동 결

1부. 교사가 왜 메타버스를 알아야 할까?

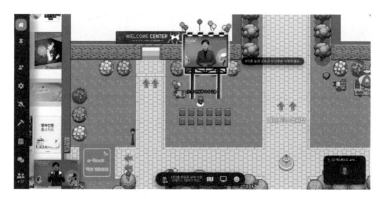

대구광역시교육청 '글로벌 동아리 메타버스 페스티벌'

과물을 동영상으로 제작하여 유튜브에 업로드했습니다. 이 방식은 나름대로 비대면 상황에서의 최선이었으나, 학생들이 실시간으로 참여할 수 없으며, 쌍방향 소통 방식이 아니라는 점에서 한계를 가졌습니다.

하지만 2021년 11월에 진행된 글로벌 동아리 메타버스 페스티벌은 게더타운의 주소(bit.ly/Gfestival)만 있으면 누구라도 페스티벌에 직접 참여할 수 있는 방식으로 전개되었습니다.

이는 학생들이 실시간으로 페스티벌에 참여할 수 있으며, 쌍방향으로 소통할 수 있다는 점에서 훨씬 교육적인 시도라고 볼 수 있습니다.

경상북도교육청

경상북도교육청은 2021년 10월, 초등교원과 교육전문직원을 대상으로 '2021 초등수업나눔축제'를 개최했습니다. 이 축제의 주제는 '메타버스에서 미래수업을 디자인하다'였습니다.

초등수업나눔축제
출처: 2021 초등나눔축제 게더타운

이 수업나눔축제의 특별한 점은 블랜디드 방식의 행사였다는 점입니다. 2021년 9월, 경북교육청문화원에서 각각의 부스를 설치하여 수업나눔을 진행함과 동시에 메타버스 플랫폼 게더타운에서도 개막식을 동시에 운영한 것입니다.

코로나19로 인해 많은 교사들이 현장에 직접 참석하기 어려웠기 때문에, 경상북도교육청에서는 유튜브를 통해 현장 상황을 실시간으로 전달하고, 게더타운을 활용하며 현장감을 높이고자 한 것입니다.

경상북도교육청의 이러한 시도는 메타버스를 교육 행사에 활용한 사례이자, 미래교육으로 한 걸음 더 나아갈 수 있는 계기를 마련했다고 볼 수 있습니다.

전라남도교육청

전라남도교육청은 2021년 10월, 고등학생을 대상으로 한 진로·진학 행사를 메타버스에서 진행했습니다. 이 행사에는 고등학교 1학년 200명 학생이 참여했으며, 전남대, 광주교대, 전남대 교육문제 연구소 등 여러 대학교와 관련 기관의 협업으로 이루어졌습니다.

학생들은 메타버스 플랫폼 안에서 자신의 아바타를 움직여, 13개 전공 체험부스를 방문할 수 있었습니다. EBS 유명 강사의 진로진학 특강에 참여하거나, 전공 부스를 방문하여 담당 강사에게 직접 전공 관련 질문을 하는 등 현장감 넘치는 활발한 상호활동이 메타버스 안에서 이루어졌습니다.

전라남도교육청은 2021년을 '전남 미래교육의 원년'으로 삼고 미래형 에듀테크 구축 등 혁신을 넘어선 변화와 창조를 이끌어가는 다양한 교육 정책을 추진할 의지를 강하게 보이고 있습니다.

메타버스를 통한 진로교육지원
출처: 전남교육통

서울 홍익대학교사범대학부속중학교

메타버스는 교육, 연수에 활용되는 것 외에도 전시회, 학생 축제를 즐길 수 있는 공간으로서 교육 현장 활용이 늘고 있습니다.

2021년 10월, 홍익대학교사범대학부속중학교(이하 홍대부속중)는 동아리활동 종합 발표회와 자유학년제 전시를 '학교'와 '게더타운'에서 동시에 진행하였습니다. 학교 문화창작실에 '3D VR 전시장'을 설치하고, 이를 촬영해 360° 온라인 VR 전시실 체험이 가능한 링크를 공개했습니다.

홍대부속중 게더타운 맵에서는 전반적인 행사 진행과 체험부스가 운영되었습니다. 이 행사는 학생들과 학부모님들의 협업으로 이루어졌다는 점과 특히 학생들이 게더타운 맵을 직접 제작하고 운영하였다는 점에서 그 의미를 찾을 수 있습니다.

홍익대학교사범대학부속중학교 2021 홍익제
출처: 홍대부속중 3D VR 전시관

동아리활동 종합발표회 및 자유학년제 전시회
출처: 게더타운

학생들은 다양한 학생회의 체험 행사를 메타버스 안에서 직접 기획·제작하고 운영했습니다. 스스로 만든 행사에 학생들의 반응은 뜨거웠고, 큰 호응을 얻으며 행사가 마무리되었습니다.

지금까지 메타버스 활용 사례를 해외와 국내로 나누어 살펴보았습니다. 해외의 경우, 정부 주도하에 많은 지원이 이루어지고 있으며, 주로 가상현실(VR)에 투자가 집중되고 있는 것을 알 수 있습니다. 국내의 경우에는 가상현실(VR)을 교육에 활용하는 경우보다, 다양한 메타버스 플랫폼을 활용하고 있다는 점이 두드러집니다.

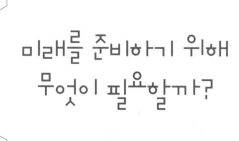

미래를 준비하기 위해 무엇이 필요할까?

많은 사람들이 메타버스에 대한 서로 다른 이야기들을 합니다. 누군가는 지금이 메타버스의 시대라고 말하고, 누군가는 메타버스의 시대는 오지 않을 것이라고 말합니다.

하루에도 수십 건의 메타버스 관련 기사가 쏟아져나오지만, 이것이 메타버스의 시대이기 때문인지, 메타버스 시대로 가고 있기 때문인지, 현재의 우리는 그 무엇도 단정 지을 수 없습니다.

하지만 다가올 미래를 준비하기 위해 메타버스에 대해 알아야 할 필요성은 분명히 있다는 것입니다.

다음 표는 한국교육학술정보원(2020)의 '메타버스의 교육적 활용' 연구보고서를 참고하여 메타버스에 포함되는 주요 기술과 기술에 따른 시사점을 정리한 것입니다.

구분	기술적 특징	교육적 시사점
증강현실	- 현실세계에 가상의 물체를 덧씌워서 대상을 입체적이고 실재적으로 느끼게 함. - 현실에 판타지를 더함.	- 가상의 디지털 정보를 통해 실제 보이지 않는 부분을 시각적, 입체적으로 학습, 효과적으로 문제를 해결. - 직접 관찰이 어렵거나 텍스트로 설명하기 어려운 내용을 쉽게 이해하고, 학습자의 체험을 통해 지식을 구성해나갈 수 있음.
라이프 로깅 (Lifelogging)	- 소셜미디어와 SNS를 통해 자신의 일상과 생각이 생산적으로 콘텐츠화되고 공유됨. 네트워크 기술로 온라인상에서 타인과 관계를 형성하고, 빠르게 소통하며, 각종 소셜 활동이 기록됨.	- 자신의 일상을 돌아보고 성찰하며, 적절한 방향으로 정보를 나타내고 구현하는 능력 향상. - 학습과 분석된 자료를 바탕으로 학습을 성찰하고 개선함.
거울세계	- GPS와 네트워킹 기술 등의 결합으로 현실세계를 확장시킴. - 특정 목적을 위하여 현실세계의 모습을 가상의 세계에 구현. - 현실의 모든 것을 담지 않음. 즉 현실세계를 효율적으로 확장해 재미와 놀이, 관리와 운영의 융통성, 집단지성을 증대시킴.	- 교수학습의 물리적, 공간적 한계를 극복하고 메타버스 안에서 학습이 이루어짐. - 대표적인 거울세계인 온라인 화상회의 툴을 통해 온라인 실시간 수업을 진행. - 거울세계를 통해 학습자들은 '만들면서 학습하기'를 할 수 있음.
가상세계	- 정교한 그래픽, 특히 3D 기술로 구현된 가상환경에서 사용자가 자연스럽게 다양한 활동을 즐김.	- 고비용, 고위험 문제로 하기 힘든 여러 가지 실습을 할 수 있음. - 과거 혹은 미래 시대 등 현실에서 경험할 수 없는 시공간을 몰입적으로 체험할 수 있음.

- 원래 자신의 모습이 아닌 아바타로 활동 가능. - VR에 포함된 채팅 및 커뮤니케이션 도구로 다른 사람들과 소통하고 협력함.	- 전략적·종합적 사고력, 문제 해결력의 향상, 현실세계에 필요한 능력을 배움.

메타버스에 포함되는 주요 기술인 증강현실, 가상현실, 라이프로깅, 거울세계의 주요 기술적 특징과 시사점, 그리고 앞서 살펴본 메타버스 교육 사례를 종합했을 때, 앞으로의 미래를 준비하기 위해서는 다음과 같은 지원과 대응이 필요합니다.

메타버스의 교육적 활용을 위한 선행 준비

메타버스는 광활한 공간이자 세계이기 때문에 자칫 그 안에서 무의미하게 방황할 수 있습니다. 메타버스를 활용하여 할 수 있는 것이 무엇인지, 교육과 어떻게 접목시켜야 하는지 등에 대한 많은 고민과 연구가 필요합니다. 따라서 메타버스를 교육적으로 활용하고자 한다면 다음과 같은 지원과 대응이 선행되어야 합니다.

시의적절한 연수 개발 및 지원
그동안의 교육 연수는 새로운 매체가 등장했을 때 즉각적으로 개설된 적이 많지 않습니다. 특정 매체에 대한 연구가 자리 잡고, 무르익

었을 때쯤에 연수가 시작되고, 교사들이 그 매체에 익숙해질 때쯤에는 매체에 대한 사회적 관심이 사라지고, 활용하기에 시의적절하지 못할 때도 많았습니다.

시기는 매우 중요합니다. 온라인 개학이 시작되었을 때, 교사들에게 가장 필요했던 것 중 하나는 원격수업을 어떻게 해야 하는지와 관련된 정보와 체계적인 내용이 담긴 연수였습니다. 동영상 수업을 하기 위해 녹화는 어떻게 해야 하는지, 촬영을 위해 무엇이 필요한지, 편집을 위한 프로그램은 무엇인지 등에 대한 구체적인 정보가 필요했습니다. 이러한 정보들이 가장 필요한 시기는 많은 교사들이 관련 정보의 부족으로 어려워하는 순간입니다. 혼자 힘으로 어렵게 오랜 시간 동안 시행착오를 거치지 않도록 시의적절할 때 연수가 진행된다면 의미 있는 연수가 될 것입니다.

메타버스와 관련된 연수 역시 마찬가지입니다. 메타버스는 원격수업과 대면 수업이 병행되는 시점에서, 연수가 진행되면 좋을 만한 주제입니다. '모든 교사가 메타버스를 교육적으로 활용해야 한다'가 아닌 '메타버스를 교육적으로 활용할 수 있는 다양한 방법이 존재하며, 그 방법은 이러하다'라는 것을 알려줄 연수가 필요한 시점이 바로 지금입니다.

새로운 매체가 등장하고, 사회적 관심이 집중되며, 교육적 관심이 싹틀 때, 그러한 궁금증을 해결해줄 연수가 개설된다면 많은 교사들이 이후 스스로의 판단으로 길을 찾을 수 있을 것입니다.

교육 현장 매체 보급 및 예산 편성

교육 현장에 필요한 매체의 보급과 수급 조절은 개별 단위학교에서 진행하기는 어렵습니다. 예산 확보가 쉽지 않으며, 학교별 상황이 천차만별이기 때문입니다. 따라서 단위학교, 교육청이 아닌 교육부 차원의 신속하고 과감한 지원이 필요합니다.

매체에 대한 지원은 크게 하드웨어와 소프트웨어로 나누어 살펴볼 수 있습니다. 하드웨어는 AR, VR 기술 등을 적용할 수 있는 적절한 기기들과 그 기기를 활용할 수 있는 공간이 필요합니다. VR, AR 기기, 다수의 노트북, 태블릿PC 등의 기기와 이 기기들을 보관하고 활용할 수 있는 공간이 학교에 존재해야 합니다.

그리고 소프트웨어 지원 역시 필요합니다. 현재 디지털 교과서에서 VR과 AR 서비스를 지원하고 있지만, 디지털 교과서는 교과목, 학년에 따라 개발 정도의 차이가 있습니다. 즉 일부 교과와 일부 교사에 의해서만 사용되고 있는 것이 현실입니다. 교사들이 개인적으로 소프트웨어를 개발하여 수업에 적용할 수는 없습니다. 따라서 이미 개발된 여러 소프트웨어를 활용할 수 있도록 기업과 교육기관의 제휴를 통해 학교 현장은 교수·학습 연구에만 힘쓸 수 있도록 하는 예산 편성과 지원이 필요합니다.

미디어 리터러시 및 디지털 리터러시 교육의 병행

그동안 진행해왔던 원격수업은 녹화된 동영상을 시청하거나 화상을 중심으로 한 실시간 쌍방향 수업이었습니다. 만약 우리가 더 확장된 메타버스의 세계를 수업에 적용한다면 주의할 점이 있습니다.

그것은 미디어 리터러시 및 디지털 리터러시 교육의 선행 또는 병행입니다. '미디어 리터러시(media literacy)'란 다양한 매체를 이해하고, 미디어의 메시지를 파악하며, 미디어를 통해 의사소통할 수 있는 능력입니다. '미디어 리터러시' 개념보다 조금 더 뒤에 등장한 '디지털 리터러시(Digital Literacy)'는 디지털 미디어, 디지털 플랫폼의 정보 및 메시지를 선택·이해하고 평가하며, 그것을 활용해 새로운 것을 창출하는 능력입니다.

학교는 코로나19 확산으로 인해 갑작스럽게 온라인 개학과 원격수업을 받아들여야 했습니다. 교사, 학부모, 학생 모두 매체의 기능적 활용을 익히는 데 급급한 시간이었습니다. 급박하게 돌아가는 상황에서는 어쩔 수 없던 선택과 환경이었습니다.

하지만 원격수업이 병행된 지 벌써 1년이라는 시간이 훌쩍 지났습니다. 익숙해졌기 때문에 조금의 여유가 생긴 지금, 우리는 기능적 활용을 넘어 더 근원적인 문제를 생각해볼 필요가 있습니다. 우리가 학생들과 함께 미디어, 디지털을 활용한 여러 학습을 진행하는 것은 결국 '미디어 리터러시'와 '디지털 리터러시'를 길러주기 위해서입니다. 단순히 미디어를 익히고 디지털 플랫폼에 익숙해지기 위한 것이 교육의 근본 목적이 아닙니다.

메타버스 또한 마찬가지입니다. 메타버스 자체를 학생들에게 알려주기 위한 것이 교육의 목적이 될 수는 없습니다. 확장된 디지털 세계를 이해하고, 자신의 삶에서 활용할 수 있도록 다양한 미디어·디지털에 접근하도록 하는 것, 정보와 콘텐츠를 비판적으로 이해하며 소통할 수 있는 능력, 더 나아가 창조할 수 있는 능력을 길러주는 것이 교육의 목적이 되어야 합니다. 그러기 위해서는 반드시 '미디어 리터러시'와 '디지털 리터러시'에 대한 교육이 병행되어야 합니다.

정부 차원의 장기적 관점에서의 계획과 대응

디지털 전환의 흐름은 개인이나 몇몇 기업 차원의 움직임이 아닙니다. 디지털 전환은 전 세계적 흐름이며, 사회적·시대적 요구와 필요성에 의한 흐름입니다. 그리고 메타버스 또한 디지털 전환과 밀접한 관련이 있습니다.

따라서 디지털 교육을 강화하고, 메타버스를 교육적으로 활용하는 방법을 찾기 위해서는 교사 개인, 또는 학교나 교육청 단위의 대응보다 더 큰 단위의 장기적 계획이 필요합니다.

메타버스는 교육에 한정된 개념이 아니기 때문에, 정부 차원의 장기적 관점에서의 계획과 대응이 필요합니다. 정부는 관계 부처와의 협력을 통해 교육적, 기술적, 사회적, 문화적 관점을 통틀어 이를 보아야 합니다. 현재 우리나라뿐 아니라 여러 나라에서 메타버스를 정부 부처에서 지원하거나 활용하는 모습들이 보입니다. 이는 디지털 전환의 큰 흐름과 메타버스가 교차하는 지점이 존재하기 때문입니다. 메타버스 관련 사업에 막대한 돈이 투자되고, 국가 예산이 지원되고 있습니다. 국가 수준에서 장기적 관점을 가진 계획과 대응이 구체화될 필요가 있어 보입니다.

미래를 준비하기 위해서는 많은 것이 필요합니다. 크게는 정부 차원의 계획과 지원 및 대응이, 작게는 학교와 교사 개인의 준비가 필요합니다. 다가올 미래가 어떤 모습일지 그 누구도 쉽게 단정 지을 수 없지만, 현재를 살아가는 우리는 미래를 예측하고 전망하면서 준비할 수밖에 없습니다.

제2부

교육적으로 활용이 가능한
메타버스 플랫폼

3장

크리에이터를 위한 메타버스
: 제페토

우리나라 메타버스 플랫폼을 이야기할 때 가장 많이, 자주 언급되는 플랫폼을 하나만 꼽으라면 '제페토(ZEPETO)'를 먼저 언급하고 싶습니다. 메타버스가 무엇인지 잘 모르는 사람도 뉴스와 신문에서 한 번쯤 제페토라는 단어를 들어봤을 만큼 유명한 플랫폼이기 때문입니다.

제페토는 네이버제트(NAVER Z)에서 운영하는 '3D 아바타를 기반으로 하는 가상세계 플랫폼'입니다. 2018년 8월에 출시되었으며, 출시 1년 6개월 만에 글로벌 누적 가입자 1억 3,000만 명이라는 엄청난 숫자를 기록하며 인기를 끌고 있습니다. 우리나라 인구의 두 배가 넘는 가입자를 보유한 제페토. 제페토는 어떻게 이런 폭발적인 인기를 얻었을까요?

네이버제트 김대욱 공동대표는 한 인터뷰에서 제페토를 "누구나 꿈꾸던 것을 만들어갈 수 있는 가상세계 플랫폼"이라고 설명했습니다. '누구나 꿈꾸던 것을 만들 수 있다'는 것은 제페토의 특징을 아주 잘 보여주는 말입니다.

'크리에이터를 위한 메타버스'라고 표현할 수 있을 만큼, 이용자 스스로 제페토 안에서 많은 것을 창조할 수 있기 때문입니다.

교육에 제페토를 어떻게 활용할 수 있을지에 대해 알아보기 위해서는 먼저 제페토의 특징을 알아야 합니다. 제페토의 특징은 크게 3가지로 나누어볼 수 있습니다.

1. 얼굴 인식 기술을 활용한 3D AR 아바타 서비스 제공

제페토에서 제공하는 아바타는 3차원의 AR 아바타입니다. 얼굴 인식 기술을 활용하기 때문에 사용자는 자신의 셀카 또는 사진을 기반으로 한 아바타를 생성할 수 있습니다.

물론, 내 얼굴을 기반으로 한 아바타 외에도 다양한 아바타 제작이 가능합니다. 실제 내 얼굴과 닮았으면서도 나보다 매력적인 아바타를 만들 수 있다는 점이 사람들에게 호기심을 불러일으키는 요소입니다.

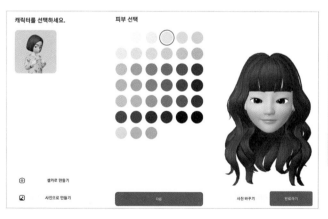

제페토 아바타 제작하기

2. 꿈꾸던 나만의 가상공간 제작 서비스 제공

제페토에서는 내가 꿈꾸던 가상공간을 자유롭게 제작할 수 있는 '제페토 빌드잇(Bulid it)' 서비스를 제공합니다.

제페토 빌드잇

'빌드잇'을 통해 사람들은 상상력을 발휘하여 가상세계를 직접 만들거나, 실제 존재하는 공간을 그대로 가상세계로 옮겨올 수 있습니다. 빌드잇으로 만든 공간은 나 혼자만 즐기는 것이 아닌, 다른 사람들을 초대하고 그 안에서 소통할 수 있는 공간입니다. 이미 만들어진 3D 가상세계가 아닌, 내가 꿈꾸던 가상세계를 직접 만들 수 있다는 점, 그리고 무료 서비스라는 점이 제페토를 아주 매력적으로 만드는 중요한 포인트입니다.

3. 아바타 아이템 창작 및 판매를 통한 경제활동

제페토의 가장 큰 특징은 가상현실에서 소비되는 여러 형태의 콘텐츠를 사용자가 직접 생산하고 소비할 수 있다는 점입니다. 보통의 경우 플랫폼을 사용하는 이용자들은 이미 만들어진 플랫폼을 소비만 하는 경우가 많습니다. 개발사는 플랫폼과 콘텐츠를 생산하고, 이용자들은 개발사가 보급한 플랫폼 안에서 콘텐츠를 소비합니다. 하지만 제페토는 이용자가 소비자인 동시에 '생산의 주체'로서 발돋움할 수 있는 서비스를 제공합니다.

가상 패션 디자이너가 되어보세요

유명 크리에이터가 제작한 아이템들은
2억 명의 유저들에게 판매되며 큰 인기를 끌고 있습니다.

제페토 스튜디오

그것이 바로 제페토 스튜디오(STUDIO)입니다. 제페토 스튜디오를 활용하면 누구나 아바타가 착용하는 의상, 신발, 마스크, 가방 등 다양한 아이템을 직접 제작할 수 있습니다. 그리고 제페토 스튜디오에서 제작한 아이템을 제페토를 즐기는 전 세계 사람들을 대상으로 판매할 수 있습니다.

판매는 젬(ZEM)이라는 제페토 화폐로 거래되며, 5000젬(106USD당 5000ZEM)이 모이면 홈페이지에서 원화나 달러 같은 실제 화폐로 지급을 요청할 수 있습니다. 즉 가상현실 플랫폼인 제페토 안에서의 활동이 현실세계에서의 경제활동으로 이어질 가능성이 열려 있습니다.

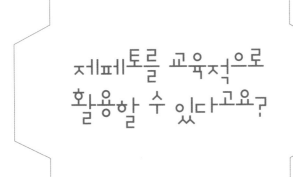

제페토를 교육적으로
활용할 수 있다고요?

제페토를 교육적으로 어떻게 활용할 수 있을까요? Z세대에게 많은 인기를 끌고 있는 제페토는 사실 기성세대에게는 조금 낯선 플랫폼입니다. 그러나 제페토에서 제공하고 있는 여러 가지 기능들은 이 가상세계를 교육적으로 충분히 활용할 수 있는 가능성을 열어주고 있습니다. 그렇다면 제페토를 교육적으로 활용할 수 있는 방법에 대해 구체적으로 알아볼까요?

제페토의 가장 큰 특징은 누구나 쉽게 창조적(creative) 활동이 가능하다는 점입니다. 특별한 기술을 가지고 있거나, 전문가만 사용할 수 있는 프로그램을 다룰 줄 알아야 하는 등의 제한이 없습니다. 물론 블렌더(Blender), 마야(Maya), 오토캐드(AutoCAD 3D) 같은 보다 전문적인 프로그램을 다룰 줄 안다면 더 많은 창작활동을 할 수 있지만, 그런 프로그램을 다루지 못하더라도 전혀 문제가 되지 않습니다. 이 점이 바로 10대, 20대들이 쉽게 제페토 크리에이터가 될 수 있었던 이유 중 하나입니다.

이러한 제페토의 특징을 이해한다면, 우리는 제페토라는 메타버스 플랫폼을 교육적으로 활용할 수 있는 방법을 찾을 수 있습니다. 제페토를 교육적으로 활용할 수 있는 방법으로 제안하고 싶은 것은 총 3가지입니다. 첫째, 진로 탐색 활동. 둘째, 교과 수업과 연계한 크리에이터 수업. 셋째, 드라마, 뮤직비디오 제작 등의 동아리활동입니다.

진로탐색 활동 '꿈꾸는 미래'

진로활동은 학교에서 전 교과와 자연스럽게 연계되어 있는 활동입니다. 초등학교에서는 진로를 자연스럽게 인식할 수 있도록 교과 수업 또는 놀이활동을 통한 접근을, 중학교에서는 교과 융합을 바탕으로 한 진로탐색활동을, 고등학교에서는 본격적으로 학생 맞춤형의 진로를 설계할 수 있도록 돕습니다.

제페토와 같은 메타버스 플랫폼의 등장은 학생들이 다양한 미래를 꿈꿀 수 있도록, 상상의 폭을 넓혀줄 수 있습니다. 제페토를 교육적으로 활용하는 첫 번째 방법은 이러한 진로 교육에 대한 접근입니다.

사회의 변화에 따라 관련 유망 직업들은 항상 변화해왔습니다. 과거의 사례를 살펴보면, 시대의 변화에 따라 직업이 새로 생기고 사라지는 일이 반복되었다는 것을 쉽게 알 수 있습니다. 1960년대 버스 안내원은 당시 고등학교 졸업 이상의 고학력 여성이 근무하는 직종이었는데, 버스에 안내방송과 벨이 장착되면서 그 필요성이 사라졌고, 1980년대에 완전히 사라진 직업이 되었습니다. 1990년대 후반, IMF 외환위기 상황에서는 그전까지 크게 주목받지 못했던 공무원이 갑자기 인기 직업으로 각광 받기도 했습니다. 이처럼 직업은 항상 고정된 것이 아니라 변화하는 것이며, 시대의 흐름과 사회적 요구에 따라 새로운 직업이 탄생하기도 하고 소멸하기도 합니다.

메타버스라는 변화의 흐름 속에서 학생들이 앞으로 살아갈 미래를 준비하기 위한 진로 탐색의 방향으로 제안하고 싶은 것은, 학생들이 다양한 미래를 꿈꿀 수 있게 도와주는 것입니다. 학생들이 미래를 상상하고 꿈꿀 수 있도록 교사는 몇 가지 방법을 사용할 수 있습니다. 특정 직업들에 대해 알려줄 수도 있고, 학생들이 관심을 보이는 분야, 흥미를 보이는 대상에 대하여 그것이 진로와 어떻게 연결될 수 있는지에 대한 청사진을 그려줄 수도 있습니다.

예를 들어 최근에 제페토에 푹 빠진 아이들이 있다면, 제페토를 사용자로서 즐기는 방법 외에, 그 안의 여러 가지 요소들을 구성하기 위해 어떤 사람들이 필요한지, 어떤 역할이 필요한지에 대해서 생각해보도록 할 수 있습니다. 또는 구체적으로 아바타 디자이너, 아바타 메이크업 아티스트, 코디네이터, 메타버스 건축가, 메타버스 건축 설계사 등과 같은 새롭게 주목받고 있는 직업을 알려주는 것만으로도 진로탐색활동이 될 수 있습니다.

아바타 디자이너란 단순하게 접근하면 메타버스에서 나를 대변하는 아바타를 예쁘고 개성 있게 꾸밀 수 있도록 디자인하는 사람입니다. 좀 더 깊이 접근하면, 단순히 예쁘게 아바타를 꾸미는 것이 아닌, 특정 이미지를 상징화하여 그래픽으로 구현할 수 있는 능력을 가진 사람입니다. 어떤 기업이 메타버스 안에서 자신의 기업을 상징하는 아바타를 제작하려고 할 때 그것을 디자인하는 것 역시 아바타 디자이너의 일입니다.

만약 제페토의 아바타를 남들과 차별성 있는 창의적인 모습으로 꾸밀 수 있는 학생이 있다면, 교사는 '아바타 디자이너가 미래의 직업이 될 수 있지 않을까?', '아바타 디자이너를 필요로 하는 일에는 무엇이 일까?', '아바타 디자이너가 되기 위해서는 어떤 능력이 필요할까?' 등의 질문을 통해 학생의 동기를 유발할 수 있습니다.

과거에는 직업이라고 생각할 수 없던 일들이 미래에는 그 일을 함으로써 돈을 받고, 그게 자신의 직업이 될 수도 있다는 사실을 알게 된 학생들은 어른들보다 훨씬 더 큰 상상력을 발휘합니다. 미래에는 아바타 디자이너라는 직업이 생길 수도 있다는 것을 인지한다면, 학생은 이제 스스로 '연예인들이 전문 메이크업 아티스트, 스타일리스트를 고용하는 것처럼, 아바타를 화장해주거나 코디해줄 수 있는 것도 직업이 될 수 있을까?' 하는 연상을 할 수 있을 것입니다.

아이들은 성인들보다 상상력이 풍부합니다. 메타버스 플랫폼의 등장과 그로 인해 새롭게 주목받는 역할, 분야, 직업에 대해 접근해볼 기회가 있다면 교사보다 훨씬 폭넓은 미래를 꿈꿀 수 있습니다.

교과 수업과 연계한 크리에이터 활동

제페토의 중요한 특징 중 하나는 이용자가 자유롭게 크리에이터 활동을 할 수 있다는 것입니다. 제페토는 콘텐츠를 소비하는 이용자가 창작자로서도 활동할 수 있도록 '제페토 스튜디오' 서비스를 제공하고 있습니다. 제페토 스튜디오는 '아이템, 월드, 라이브, 빌드잇'이라는 4가지 콘텐츠를 포함하고 있으며, 제페토 스튜디오의 아이템과 빌드잇을 활용하면 교과 수업과 연계한 크리에이터 활동이 가능합니다.

제페토 스튜디오의 '아이템'은 의상, 가방, 모자, 마스크 등의 아바타 아이템을 학생들이 직접 제작할 수 있도록 도와주는 서비스입니다. 따라서 기술가정교과 또는 미술교과 수업으로 접근하기에 좋습니다. 기술가정교과의 경우 의복과 관련된 단원을 가상세계에서 아바타의 의복과 연결지어 수업을 구상할 수 있습니다. 미술교과의 경우 구체적인 아바타 아이템의 디자인 수업이 가능합니다.

한편 제페토 빌드잇에서는 가상공간 안에 원하는 장소를 직접 구현할 수 있습니다. 이는 사회교과, 미술교과의 수업에서 접근하기에 좋습니다. 사회교과의 경우 우리 고장의 모습, 우리 마을과 연계하여 제페토 안에 우리 마을을 구현해볼 수 있습니다. 미술교과의 경우 시각문화, 공공미술, 거리미술 등과 다양하게 연계한 수업이 가능합니다.

또한 제페토 빌드잇을 활용하여, 특정 교과가 아닌 전 교과에서 활용할 수 있는 갤러리 공간 또는 수업 산출물 전시 공간을 제작할 수도 있습니다. 코로나 같은 외부적 요인으로 학생들이 학교에 등교하지 못하고, 온라인으로 원격수업을 해야 하는 상황이 발생한다면 제페토와 같은 메타버스 플랫폼 공간을 전시의 장소로 활용할 수 있습니다.

만화, 시나리오, 영상 편집, 제작 등의 동아리활동

제페토는 아바타를 중심으로 한 메타버스 플랫폼입니다. 얼굴 인식 서비스를 바탕으로 나만의 아바타를 만들 수 있고, 그 아바타를 증강현실(AR)로 불러올 수 있으며, 아바타를 통해 다른 사람과 상호작용합니다. 제페토 이용자는 아바타를 만들기만 하면, 내 아바타로 다양한 월드 맵을 돌아다니면서 여행을 할 수 있고, 다양한 콘셉트의 사진을 찍거나, 만화를 제작하거나, 영상을 촬영할 수 있습니다.

이러한 기능들을 활용하면 다양한 동아리활동을 할 수 있습니다. 동아리 홍보 포스터를 제작할 수도 있고, 만화 동아리에서 제페토 아

동아리 홍보 포스터 제작

이모지 제작_감정(화남)

제페토 아바타를 활용한 만화 제작

바타를 활용한 간단한 컷툰을 그릴 수도 있습니다.

　동아리활동 시간에 제페토 드라마를 제작할 수도 있습니다. 학생들은 연극을 준비하듯이 역할을 분담하고, 아바타를 활용한 제페토 드라마를 촬영할 수 있습니다. 드라마의 줄거리를 쓰는 시나리오 작가,

배역을 캐스팅하는 PD, 연기자, 영상을 편집하는 편집자 등 다양한 역할 분담을 통해 학생들은 새로운 공간 속에서 프로젝트 활동을 경험할 수 있습니다.

제페토 스튜디오

제페토 스튜디오의 [콘텐츠] 중 '아이템'은 아바타의 각종 아이템을 제작할 수 있도록 템플릿 에디터를 제공하는 서비스입니다. 제페토에서 제공하는 기본 템플릿을 사용하면 누구나 쉽게 아이템을 제작할 수 있

제페토 스튜디오 메인화면 - [콘텐츠] - [아이템]

으며, 제페토 스튜디오에 제출하여 심사를 받고, 다른사람에게 판매할 수도 있습니다.

제페토 스튜디오는 별도의 프로그램을 다운로드받을 필요없이, 인터넷 홈페이지에 접속해서 사용할 수 있습니다. 다만 로그인을 위해서는 플레이 스토어에서 제페토 어플리케이션을 다운받은 다음, 회원가입을 해야 합니다. 회원가입 이후에는 PC에서 제페토 스튜디오를 사용할 수 있습니다. 제페토 스튜디오 로그인 방법은 다음과 같습니다.

먼저 인터넷 홈페이지(https://studio.zepeto.me/kr)에 접속합니다. 화면 상단의 [콘텐츠] - [아이템]을 클릭하거나, 화면 중앙의 [시작하기]를 누르면 계정 로그인 화면이 뜹니다.

제페토 스튜디오(PC) 계정
로그인 화면 - QR코드 로그임

제페토 스튜디오(PC) 계정
로그인 화면 - 전화번호·이메일 로그인

2부. 교육적으로 활용이 가능한 메타버스 플랫폼

로그인 방식은 세 가지입니다. 스마트폰에서 제페토 어플리케이션을 실행한 다음, QR코드를 스캔하는 방법, 전화번호를 입력하는 방법, 아이디 또는 이메일을 입력하여 로그인하는 방법입니다.

만약 QR코드를 스캔하여 로그인한다면, 스마트폰으로 제페토 앱을 실행한 다음 아래 사진과 같이 [QR코드 사진] - [스캔하기]를 클릭하여 PC 화면의 QR코드를 스캔하면 됩니다.

제페토 앱(스마트폰) 화면   제페토 앱(스마트폰) 화면 -
QR코드 스캔하기

로그인이 완료되었다면 제페토 스튜디오에서 제공하는 다양한 템플릿을 다운받고, 디자인을 업로드할 수 있습니다.

핸드폰과 같은 모바일 환경에서도 제페토 스튜디오에 접속하여 디자인을 업로드할 수 있지만, 컴퓨터를 사용하면 작업이 좀 더 수월합니다. 제페토 스튜디오의 템플릿 에디터는 미리보기, UV그리드 보기, 템플릿 다운로드 및 업로드의 기능을 제공합니다.

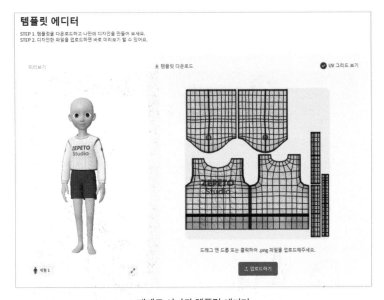

제페토 아바타 템플릿 에디터

주의할 것은 제페토 스튜디오가 제공하는 것은 템플릿 에디터일 뿐, 디자인을 그리거나 이미지를 편집하는 툴은 아니라는 점입니다. 따라서 이 템플릿으로 아이템을 제작하기 위해서는 별도의 편집 프로그램을 사용해야 합니다. 어떤 편집 프로그램을 사용하면 좋을지에 대한 이야기는 제페토 수업 연계 부분에서 자세히 다루겠습니다.

아바타 아이템 제작 과정
: 디자인부터 심사, 제출, 판매까지

우리는 제페토 스튜디오를 활용하여 교사 크리에이터가 될 수 있습니다. 혹은 수업을 통해 학생 크리에이터를 길러낼 수도 있습니다. 혹시 '크리에이터(Creator)'라는 단어가 아직도 낯설게 느껴지나요? 어렵게 생각할 필요가 전혀 없습니다. 교육 콘텐츠를 창의적으로 제작하는 교사라면 누구나 교사 크리에이터가 될 수 있습니다. 학생들과 수업을 하기 위해서는 교사가 먼저 체험해보고, 나만의 수업으로 재구성해보는 것이 정석이지요.

제페토 스튜디오를 활용해서 나만의 메타버스 아이템을 제작해볼 까요? 포토샵과 같은 전문적인 프로그램을 사용하지 않아도 괜찮습니다. 10분 만에 제페토 아바타 아이템을 만들고, 심사에 제출하여 아이템을 판매할 수도 있습니다.

10분 만에 제페토 아바타 아이템 만들기

메타버스 세계에서 아바타는 나를 표현할 수 있는 '또 다른 나'입니다. 제페토 안에서 다른 사람과 소통하기 위해서는 현실세계의 나를 가상 공간 안에서 대변해줄 '아바타'가 필수입니다. 많은 사람이 나만의 아바타를 갖고 싶어 하고, 내 아바타가 멋지게 보이도록 만드는 데 많은 시간과 공을 들입니다.

제페토 아바타 아이템 디자인

제페토에서는 나만의 아바타 아이템을 직접 제작할 수 있는 '제페토 스튜디오' 서비스를 제공합니다. 이를 활용하면 내가 입고 싶은 옷, 모자, 마스크 등의 디자인을 직접 할 수 있습니다. 그렇게 아바타 아이템을 직접 제작하는 사람을 '제페토 크리에이터'라고 부릅니다. 학생도 교사도 모두 크리에이터가 될 수 있습니다.

아바타 아이템 템플릿 다운받기

제페토 스튜디오에서는 두 가지 방법으로 아이템을 제작할 수 있습니다. 첫째는 스튜디오에서 제공하는 템플릿을 다운받고, 포토샵 같은 프로그램을 활용하여 아이템을 디자인하는 것입니다. 두 번째 방법

제페토 스튜디오에서 제공하는 다양한 아이템 템플릿

은 3D 그래픽 툴을 사용하여 3D 모델링을 직접 하는 방법입니다. 유니티(Unity), 마야(Maya), 블렌더(Blender), 오토캐드(AutoCAD) 등의 소프트웨어를 사용해야 하는 좀 더 전문적인 영역입니다. 학교에서 학생들을 대상으로 접근할 때는 제페토 스튜디오에서 제공하는 템플릿을 다운로드받아 디자인하는 방법을 추천합니다. 가장 쉬우면서 초심자들의 눈높이에 맞기 때문입니다.

제페토 스튜디오에서 제공하는 아이템 템플릿은 생각보다 훨씬 다양합니다. 의상의 경우에도 상의, 바지, 스커트, 외투, 한 벌 의상, 양말 등으로 세분화되어 있고, 안경, 장갑, 가방, 마스크 등의 소품 제작도 가능합니다.

제페토 스튜디오에서 제공하는 여러 템플릿 중에서 제작하고 싶은 아이템을 결정하고, 템플릿을 다운받습니다. 템플릿은 무료와 유료가 있는데, 상당수의 템플릿을 무료로 제공하기 때문에 유료 템플릿을 구매하지 않아도 아이템을 충분히 제작할 수 있습니다.

원하는 템플릿을 선택하면, 미리보기를 통해 아바타가 아이템을 착용한 모습과 템플릿이 어떻게 구성되어 있는지를 살펴볼 수 있습니다.

미리보기의 모습을 보고 원하는 디자인의 템플릿을 클릭하면 psd (포토샵 형식) 파일을 다운로드받을 수 있습니다. 이 psd 파일에는 '가이드 라인, occlusion, UV그리드'의 세 가지 주요 레이어가 저장되어 있습니다.

가이드라인은 말 그대로 의상의 전체 모습을 알 수 있도록 선으로 그린 그림입니다. occlusion(Ambient Occlusion)은 렌더링에서 나온 개

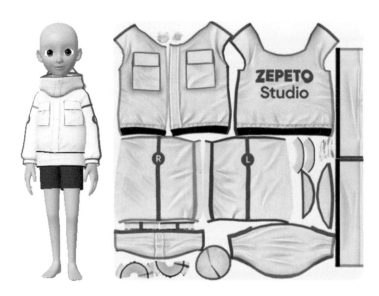

후드 집업 템플릿 다운로드 미리보기

넘으로, 쉽게 말하면 실제 볼 수 있는 사물의 경계면 그림자를 말합니다. 제페토에서는 아이템의 각 표면에서 빛에 의한 밝은 부분과 어두운 부분을 이미지로 나타낸 것이라고 생각하면 쉽게 이해할 수 있습니다. UV그리드는 표면을 패턴화하는 지침이자, 가상의 구역을 나눠놓은 안내선 정도로 이해하면 쉽습니다.

이 세 가지 레이어를 참고하여 원하는 디자인을 제작할 수 있습니다. 참고로 가이드라인과 occlusion을 동시에 켜놓으면 전체 아이템의 모습을 가늠하기 쉽습니다.

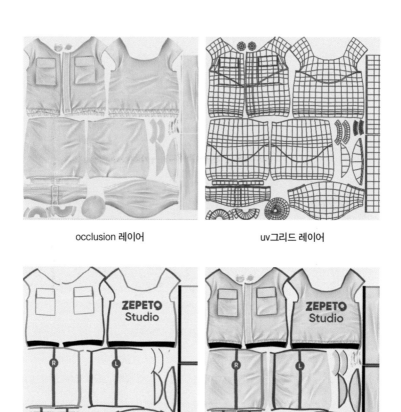

occlusion 레이어

uv그리드 레이어

가이드라인 레이어

가이드라인+occlusion 레이어

다운받은 템플릿 위에 디자인하기

제페토 스튜디오에서 템플릿을 다운받았다면, 이제 그 위에 디자인을 해야 합니다. 디자인은 어렵게 생각할 필요 없이 색만으로도 완성할 수 있고, 무늬를 찍거나, 그림을 그릴 수도 있습니다.

2부. 교육적으로 활용이 가능한 메타버스 플랫폼

가장 쉽고 단순하게 작업하는 경우는 색을 칠하는 것입니다. 색을 칠할 때는 가이드라인의 외곽선에 맞추어서 작업하거나 외곽선을 넘어서 색을 칠해도 됩니다. 외곽선에 딱 맞추어 색을 칠하는 것보다 오히려 외곽선을 넘어서 색을 칠하면 빈틈없이 메우기에 더 좋습니다. 외곽선 밖으로 칠해진 색은 어차피 인식하지 않기 때문입니다. 색을

 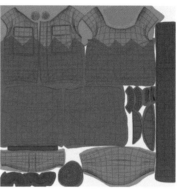

외곽선에 맞추어 색 작업　　　　　　외곽선을 넘어서 색 작업

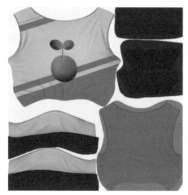 

그림을 그려 아이템 디자인　　　　　무늬를 찍어 아이템 디자인

칠할 때는 가이드라인이나 occlusion, UV그리드 중 작업하기 편한 레이어를 켜놓고 그 위에 새로운 레이어를 만들어서 색을 칠하면 됩니다.

색을 칠하는 것 외에도 직접 그림을 그리거나 무늬를 찍는 등의 방법을 활용하여 아이템을 디자인할 수 있습니다.

다운로드받은 템플릿 위에 디자인을 할 때는 psd 확장자 파일을 열 수 있는 프로그램을 사용해야 합니다. 포토샵 프로그램을 사용하는 것이 가장 무난하고 보편적인 방법입니다. 하지만 포토샵은 유료 프로그램이며, 무겁기 때문에 컴퓨터의 사양이 좋아야 합니다. 학교에서 학생들과 수업하기에는 적합하지 않을 수 있습니다. 따라서 psd 확장자 파일을 열 수 있는 가벼운 무료 프로그램을 사용하는 것이 좋습니다. 무료 프로그램을 사용해 디자인하는 방법은 제페토 수업 연계 부분에서 좀 더 자세히 다루겠습니다.

완성한 디자인 업로드하기

완성한 디자인을 제페토 스튜디오에 업로드하면 첫 번째 페이지에서 바로 미리보기를 할 수 있습니다.

첫 번째 페이지에서 바로 미리보기를 할 수 있기 때문에 색이 덜 칠해졌다거나 내가 예상했던 색보다 연하다거나 하는 문제를 빠르게 확인할 수 있습니다. 미리보기 단계에서 앞모습과 옆모습, 뒷모습을 모두 확인할 수 있으며, 해당 아이템 부분만을 확대해서 볼 수도 있습니다. 또한 아바타의 체형도 바로 지정해서 디자인을 확인할 수 있다는 점이 편리합니다.

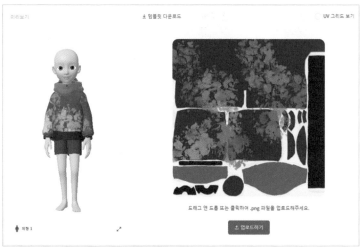

디자인한 파일을 업로드한 미리보기 화면(의상)

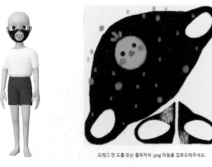

미리보기 화면에서 확대하기(마스크)

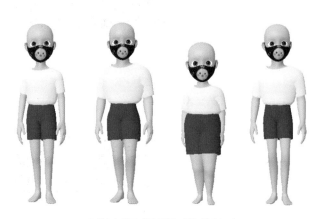

미리보기 화면에서 체형 바꾸기(마스크)

이 첫 번째 페이지에서 디자인에 이상이 없다면, 다음 페이지로 넘어가서 상세 정보를 입력해야 합니다. 상세 정보는 아이템의 이름, 태그, 판매가격, 이벤트 및 프로모션 콘텐츠 참여 여부, 승인 후 배포 일정, 판매 국가를 입력해야 합니다. 심사에 제출하기 전까지는 계속 수정이 가능하며, 완성한 디자인이 많다면 여러 개의 작품을 업로드할 수 있습니다.

심사 제출과 판매하기

디자인을 완성했다면 이제 내가 만든 아이템을 심사에 제출할 수 있습니다. 심사에 제출하기 위해서 확인해야 할 것은 세 가지입니다. 첫째, 휴대폰에서 미리보기로 전체 디자인 확인하기. 둘째, 섬네일 확인하기. 셋째, 심사 유의사항 확인하기입니다.

휴대폰에서 미리보기

제페토 스튜디오에서 제공하는 '휴대폰 미리보기' 기능은 매우 유용한 기능입니다. 디자인을 업로드했을 때 볼 수 있는 미리보기 화면에서는 기본 아바타의 모습으로만 디자인을 확인할 수 있습니다. 하지만 '휴대폰에서 미리보기'를 선택하면, 내 휴대폰에 깔린 제페토 어플에서 내가 만든 디자인을, 내 아바타에게 직접 입혀볼 수 있습니다.

휴대폰에서 아바타로 내가 만든 아이템 디자인 미리보기(마스크)

휴대폰에서 아바타로 내가 만든 아이템 디자인 미리보기(의상)

이 기능을 통해 내 아바타에게 내가 만든 디자인을 직접 입혀볼 수 있을 뿐만 아니라, 제페토 스튜디오에서 확인할 수 없었던 다양한 동작에 따른 디자인의 상태를 확인할 수 있습니다.

기본 아바타로 미리보기를 할 때보다 실제 아바타가 착용한 아이템을 확인하는 것이 최종 디자인의 느낌을 확인하기에 좋습니다.

섬네일 확인하기

디자인한 파일을 업로드하면 섬네일 이미지가 자동 저장됩니다. 섬네일은 내가 제작한 아이템의 디자인을 판매할 때, 사람들이 가장 먼저 보게 되는 이미지로, 아이템의 인상을 결정하는 요소입니다.

섬네일 이미지가 자동으로 저장되기 때문에 미처 확인하지 못하고 그냥 지나가는 경우가 종종 있습니다. 섬네일이 수정할 곳 없이 완벽하게 처리되었다면 문제되지 않겠지만, 그렇지 못한 경우에는 심사 과

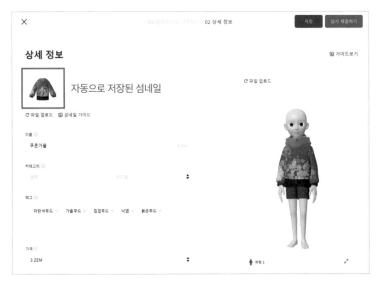

상세 정보

자동으로 저장된 섬네일

섬네일 확인하기

정에서 거절당할 수 있습니다. 따라서 자동으로 저장된 섬네일을 다운
받아 확인하는 작업이 필요합니다. 섬네일은 이미지 위에 마우스를 클
릭하면 바로 다운받을 수 있습니다.

섬네일을 다운로드했다면 제페토의 섬네일 권장사항 및 규격에 맞
는지를 확인해야 합니다. 권장사항 및 규격은 다음과 같습니다.

- 해상도 144×144 pt
- PNG 이미지 형식 (배경은 반드시 투명)
- 1MB 한도 미만
- 1:1 정사각 가로세로 비율

이미지 속성: 우클릭 - [일반] - 파일 형식

이미지 속성: 우클릭 - [자세히] - 이미지

섬네일 이미지의 규격을 확인하기 위한 방법은 간단합니다. 다운받은 섬네일 이미지에 마우스를 우클릭하여 속성창을 불러옵니다. [일반] 탭에서 파일의 형식과 크기를 확인합니다. 그리고 [자세히] 탭에서 이미지의 크기와 픽셀을 확인합니다.

그리고 다음과 같은 부분을 추가로 확인해야 합니다. 그래픽이 일부 깨졌거나, 이미지의 크기가 너무 작을 경우, 이미지 일부가 잘린 경우, 아이템 외의 다른 그래픽이 추가되어 있거나, 배경색이 투명이 아

권장 섬네일   그래픽이 깨진 경우

이미지가 잘린 경우   배경색이 투명이 아닌 경우

닌 경우에는 섬네일을 수정해야 합니다. 수정이 완료되면 섬네일 이미지 아래의 [파일 업로드] 버튼을 눌러 이미지를 업로드하고 저장할 수 있습니다.

심사 유의사항 확인 및 제출하기

아이템 디자인이 완성되었으면, 제페토 스튜디오에 제출해야 합니다. 제페토 스튜디오의 심사를 통과한 아이템만 제페토 안에서 사용·판매할 수 있습니다. 심사는 주말, 휴일을 제외하고 최대 2주 정도 소요되며, 템플릿 에디터(2D) 아이템은 한 번에 최대 3개의 아이템을 신청할 수 있습니다. 우리가 책에서 함께 살펴본 과정이 바로 템플릿 에디터를 활용한 2D 아이템 제작입니다. 3D 아이템의 경우 별도 수량 제한 없이 심사에 제출할 수 있습니다.

심사의 가이드라인은 이미지, 텍스트, 리소스, 윤리, 저작권 등으로 세분화되어 있습니다. 중요한 내용을 위주로 다루면 다음과 같습니다. 먼저 이미지나 텍스트를 제작할 때, 제페토 내의 특정 사용자의 정보가 드러나지 않도록 해야 하며, 무성의하거나 완성도가 현저히 떨어지지 않도록 유의해야 합니다. 리소스의 경우에는 제페토 스튜디오에서 지정한 파일 형식, 예를 들어 2D 아이템의 경우 PNG 투명 배경 파일의 형식을 지켜야 하며, 용량, 해상도를 확인해야 합니다.

윤리 지침으로는 범죄 행위를 조장하거나 폭력, 성적 표현, 심한 욕설과 폭언이 담겨서는 안 됩니다. 특정 국적이나 종교, 문화에 대한 공격 또는 불쾌감을 유발할 수 있는 경우에도 심사를 통과하지 못합니

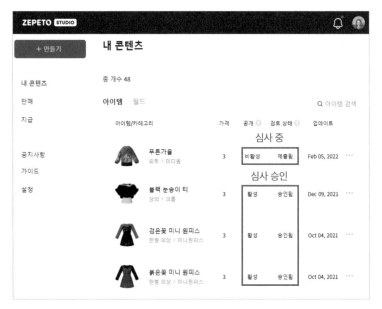

제페토 스튜디오 내 아이템 검토 상태 확인

다. 마지막으로 저작권, 상표권, 초상권을 침해하지 않아야 합니다. 특히 사람들이 좋아하는 영화 속 주인공의 모습이나, 만화 또는 드라마의 콘셉트가 연상된다면 저작권 침해 우려가 있기 때문에 이 역시 심사에서 통과되지 않습니다.

이와 같은 유의사항을 점검한 다음 심사에 제출하면 됩니다. 제페토 스튜디오에서 [심사 제출하기]라는 버튼을 누르면 바로 제출됩니다.

심사에 제출하고 나면 제페토 스튜디오 [내 아이템]에서 심사에 제출한 아이템의 공개 상태가 '비활성'화되며, 검토 상태가 '제출됨'으로 바뀝니다. 아이템을 제작했으나 심사에 제출하지 않은 작업들은 '임시

저장, 미제출'로 표시됩니다. 이후 심사결과 승인이 완료되면, 내가 설정한 아이템 노출 상태에 따라 공개가 '활성' 또는 '완료됨'으로 변경됩니다.

실전! 미술교과
아바타 아이템 디자인

제페토 스튜디오에서 제공하는 템플릿을 다운로드받아 아바타 아이템을 디자인하는 것은 미술교과 수업과 밀접한 관련이 있습니다. 학교에서 진행하게 되는 디자인 수업은 일반적으로 아이디어 스케치, 채색의 단계에서 끝나는 경우가 많습니다. 실물로 제작하기에는 교육 환경상 여건이 여의치 못한 경우가 많기 때문입니다.

제페토 스튜디오를 활용하면 완성된 디자인의 결과물을 확인하는 단계까지 진행할 수 있다는 점에서 여러 교육적 효과를 기대할 수 있습니다. 학생들은 아이디어 스케치, 채색, 제작의 과정을 통해 디자인하며, 최종적으로 자신이 디자인한 아이템을 착용한 모습을 3D 아바타로 관찰할 수 있습니다. 이는 교실이나 미술실에서 어려웠던 제작과정까지 디자인 수업을 전개함으로써 수업의 완성도를 높이는 방법으로 활용할 수 있습니다. 또한 미술과 같은 특정 교과 시간이 아니더라도 창의적 체험활동, 동아리활동에서도 프로젝트 수업으로 활용하기에 좋습니다.

템플릿 다운로드 받기	→	다운로드 받은 템플릿 불러오기	→	템플릿 위에 디자인하기	→	디자인한 이미지 업로드하기
제페토 스튜디오		**그림을 그릴 수 있는 프로그램**				**제페토 스튜디오**

아바타 아이템 디자인 과정

아바타 아이템을 디자인하는 과정은 크게 네 가지로 나눠볼 수 있습니다. 템플릿 다운로드받기, 다운로드한 템플릿을 프로그램에서 열기, 템플릿 위에 디자인하기, 디자인한 이미지를 png 파일로 업로드하기의 순서입니다. 따라서 교사는 학생이 수업용으로 사용할 기기를 결정하고, 그림을 그릴 수 있는 프로그램을 선택해야 합니다.

수업용 기기	프로그램
아바타 아이템을 디자인할 학생이 사용할 기기	그림을 그릴 수 있으며, psd 확장자 파일 호환이 가능한 프로그램
스마트폰, 태블릿PC, 데스크톱 컴퓨터	포토샵, 클립스튜디오, 메디방, 김프, 프로크리에이트 등

아바타 아이템 디자인을 위해 고려해야 하는 사항

수업에 사용할 수 있는 기기는 크게 스마트폰(smart phone), 태블릿 PC(tablet computer), 데스크톱 컴퓨터(desktop computer)로 나눠볼 수 있습니다. 만약 근무하고 있는 학교에 한 반의 학생들이 쓸 수 있는 개수의 태블릿PC가 있다면, 가장 손쉽게 수업을 진행할 수 있습니다. 태블릿PC는 디자인 작업의 편리성 면에서 뛰어나기 때문입니다. 그렇지 않다면 스마트폰과 데스크톱 컴퓨터 중 어떤 것을 사용할지 고민해 결정해야 합니다.

기기 제페토 스튜디오 작업	스마트폰	태블릿PC	데스크톱 컴퓨터
기기의 접근성 (기기 보유 가능성)	높음	낮음	보통
디자인 작업의 편리성	보통	높음	낮음
업로드의 편리성	낮음	보통	높음

아바타 아이템 디자인 수업에 사용하는 기기 비교

스마트폰의 경우 많은 학생이 1인 1대의 스마트폰을 보유하고 있기 때문에 기기의 접근성이 높습니다. 그 대신 디자인 작업을 할 때 스마트폰 화면 위에서 그림을 그리거나 색을 칠해야 하므로, 액정 화면의 크기에 따라 불편함이 있을 수 있습니다.

데스크톱 컴퓨터의 경우 스마트폰이나 태블릿PC와 비교했을 때

기기의 접근성은 보통 수준입니다. 다만 디자인 작업의 편리성이 낮다고 판단하는 이유는 컴퓨터로 그림을 그리기 위해 '마우스'를 사용하거나 별도의 그래픽 태블릿(Graphics tablet, Digitizer) 같은 입력장치가 필요하기 때문입니다. 마우스로 그리기는 쉽지 않고, 전용 펜을 사용하는 그래픽 태블릿이 있다면 디자인 작업을 하기가 수월합니다.

데스크톱 컴퓨터의 장점은 업로드의 편리성에 있습니다. 스마트폰의 경우 제페토 스튜디오에 접속, 이미지를 업로드할 때 속도가 느린 경우가 많습니다. 어떤 경우에는 아주 오랜 시간을 기다려도 업로드 화면에서 다음 화면으로 넘어가지 않기도 합니다. 스마트폰의 기종, 인터넷 연결 상태, 기기의 용량 등 여러 가지 요인으로 인해 업로드가 원활하지 않은 경우가 많습니다. 그러니 스마트폰으로 디자인 작업을 한다면 업로드는 데스크톱 컴퓨터를 사용하는 것을 추천합니다. 대부분의 데스크톱 컴퓨터에서는 제페토 스튜디오에 이미지를 업로드하는 데 5분 이내로 짧은 시간이 소요됩니다.

스마트폰, 태블릿PC, 데스크톱 컴퓨터 모두 제페토 스튜디오에 접속할 수 있으며, 디자인 작업이 가능합니다. 하지만 각 기기마다 장단점이 있으니 학교와 학생의 환경, 수준에 따라 교사가 판단해야 합니다.

다음으로 제페토 스튜디오에서 다운로드한 템플릿을 열기 위해서는 psd 확장자 파일과 호환이 되는 프로그램을 사용해야 합니다. 포토샵을 사용하면 손쉽게 해결되지만, 포토샵은 유료 프로그램으로 가격이 비싸고, 학생들이 다루기에도 쉽지 않습니다. 따라서 psd 확장자 파일을 열 수 있는 무료 프로그램을 사용하는 것이 좋습니다.

프로그램의 종류는 생각보다 많지만, 학교에서 수업할 때 추천하고 싶은 프로그램은 '메디방 페인트(MediBang Paint)'입니다.

데스크톱PC용 메디방 화면   태블릿PC(아이패드)용 메디방 화면

메디방 페인트는 무료 프로그램이면서 스마트폰(안드로이드, 아이폰), 태블릿PC, 데스크톱 컴퓨터 모두에서 사용할 수 있습니다. 다양한 기기에서 공통적으로 사용할 수 있는 무료 프로그램이면서 다양한

기능을 갖추고 있다는 점이 메디방을 추천하는 가장 큰 이유입니다.

그리고 데스크톱 컴퓨터와 태블릿PC 버전 등 기기에 따라 약간의 차이는 있으나 인터페이스가 거의 동일하기 때문에 학생들이 각기 다른 기기를 이용하더라도 지도가 훨씬 수월합니다. 원격수업에서 제페토 스튜디오를 사용한 아이템 디자인활동을 진행한다면 학생들이 다루는 기기가 동일하지 않을 확률이 높습니다. 어떤 학생은 아이패드를 사용할 수 있고, 또 다른 학생은 스마트폰을 사용할 수도 있지요. 그래서 서로 다른 기기에서도 동일한 프로그램을 사용할 수 있는 '메디방 페인트'를 추천합니다.

이제 메디방 페인트에서 아바타 아이템 디자인을 해보도록 하겠습니다. 먼저 제페토 스튜디오(https://studio.zepeto.me/kr/)에 접속해서 템플릿을 다운로드해야 합니다. 제페토 스튜디오에 접속, 로그인 후 [아이템 만들기]를 선택하면 템플릿으로 만들 수 있는 여러 가지 아이템을 고를 수 있습니다. 원하는 아이템을 결정하고, 클릭하면 바로 [템플

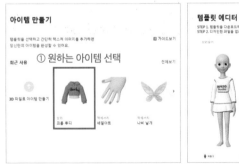

아이템 선택하기와 템플릿 다운로드하기

릿 에디터] 창으로 이동합니다. 템플릿 에디터 창의 정중앙에는 [템플릿 다운로드] 버튼이 있으며, 클릭하면 템플릿 압축파일이 다운로드됩니다. 압축파일을 풀면 맥(Mac)과 윈도우(window)에서 사용할 수 있는 파일이 각각 있으므로 자신의 컴퓨터에 맞는 파일을 선택해야 합니다.

메디방 페인트에서 제페토 스튜디오에서 다운로드한 '미니 뷔스티에 원피스' 템플릿을 열었을 때의 모습입니다.

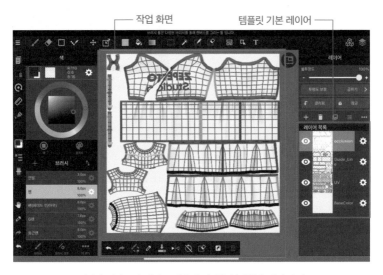

메디방 페인트에 제페토 템플릿 파일을 불러왔을 때의 화면

레이어 목록에 베이스컬러(BaseColor), 가이드라인, occlusion, UV 그리드로 총 4개의 레이어가 기본으로 입력되어 있음을 확인할 수 있습니다. 이 레이어들은 한 벌의 원피스가 어떻게 구성되어 있는지를 알려주는 역할을 합니다. 필요에 따라 투명도를 조절하거나 눈 감기(비

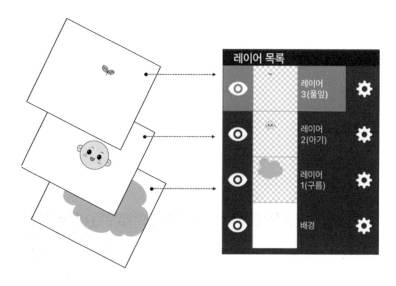

레이어의 개념

표시) 등을 사용해 아이템을 디자인할 때 참고용으로 사용하게 됩니다.

이때 교사가 학생들에게 꼭 알려주어야 할 것은 '레이어(layer)'의 개념입니다. 레이어는 겹 또는 층이라는 사전적 의미로, '겹쳐놓은 여러 이미지들의 층'을 말합니다. 투명한 유리판을 하나하나 쌓아가는 방식이라고 상상하면 이해하기 쉽습니다. 유리판을 한 장, 두 장 차근차근 쌓아올리게 되면 각 유리판에 그려진 무늬가 겹쳐 보이듯이, 포토샵, 메디방 페인트 등의 프로그램에서 레이어를 생성하면 각 레이어들이 차곡차곡 쌓여서 하나의 이미지를 만들어내는 개념입니다.

레이어는 각각 독립된 이미지이며, 하나의 레이어를 선택하여 수정, 편집, 삭제가 가능합니다. 또한 이 레이어의 순서에 따라서 작업화

2부. 교육적으로 활용이 가능한 메타버스 플랫폼

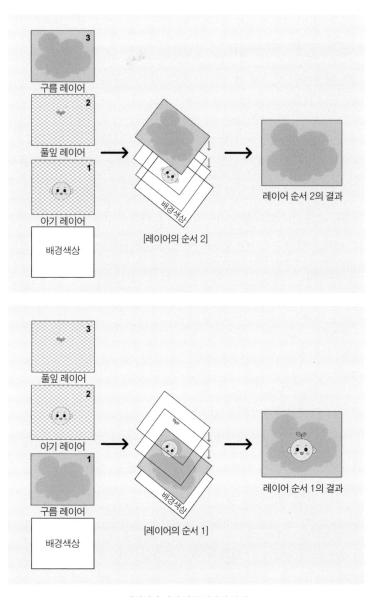

구름 레이어

풀잎 레이어

아기 레이어

배경색상

배경색상

[레이어의 순서 2]

레이어 순서 2의 결과

풀잎 레이어

아기 레이어

구름 레이어

배경색상

배경색상

[레이어의 순서 1]

레이어 순서 1의 결과

레이어 순서에 따른 결과의 차이

면의 이미지(결과)가 달라집니다. 일반적으로 스케치 레이어와 선 레이어, 채색 레이어를 분리하여 작업하면 수정이 용이해서 각각을 분리하여 작업하는 경우가 많습니다. 또는 물체의 대상에 따라 레이어를 분리하여 작업하기도 합니다.

레이어의 개념은 포토샵, 일러스트레이터, 메디방 페인트 등 대부분의 이미지 편집툴에서 공통적으로 사용되기 때문에 학생들이 템플릿 위에 디자인하기 전에 미리 개념 정리를 할 필요가 있습니다. 한 번 이해해두면 다른 프로그램을 사용할 때에도 빠르게 적응할 수 있습니다.

제페토 템플릿의 아이템 레이어 구성을 확인하고 레이어의 개념도 이해했다면, 이제 레이어를 추가하여 디자인하는 단계로 넘어갈 수 있습니다. 템플릿에서 기본적으로 입력되어 있던 레이어인 '가이드라인, occlusion, UV그리드'에 바로 색을 칠하거나 그림을 그리면 여러 가지 문제가 생길 수 있습니다. 따라서 반드시 [새로운 레이어]를 추가해야 합니다. 메디방 페인트에서는 오른쪽 레이어창의 [+] 버튼을 누르면 새로운 레이어가 추가됩니다.

레이어를 추가했다면 가이드에 따라 그 위에 스케치하고, 색을 칠하고, 그림을 그리는 디자인 작업을 진행할 수 있습니다. 스케치를 하고 색을 칠할 때에는 항상 새로운 레이어를 추가하며, 가이드라인, occlusion, UV그리드 레이어는 투명도를 조절하거나 레이어를 표시(눈 뜨기/눈 감기)하는 등 필요에 따라 조정합니다. 학생들은 새로운 레이어에 자유롭게 자신이 원하는 색과 무늬 등을 선택하여 그림을 그리듯이 아이템을 디자인할 수 있습니다.

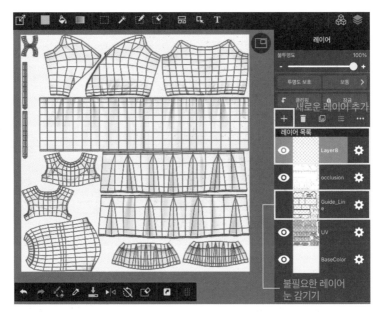

새로운 레이어 추가하기

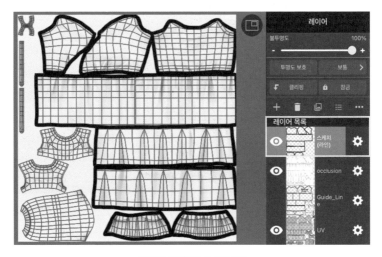

새로운 레이어에 스케치하기

채색 및 디자인하기

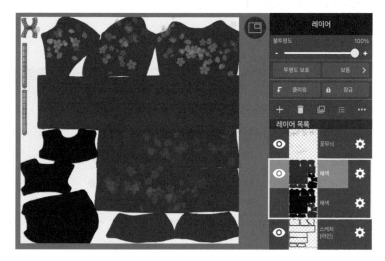

채색 변경 및 추가하기

　　　　　　　　　　　　　　2부. 교육적으로 활용이 가능한 메타버스 플랫폼

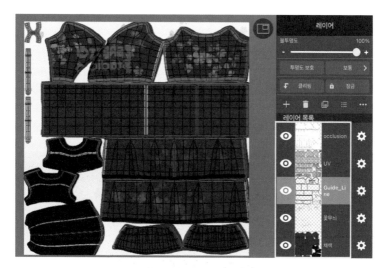

기본 레이어가 모두 선택된 경우(X)

디자인한 레이어만 선택(O)

디자인을 마무리하고 나면 이제 png(투명) 파일 형식으로 저장해야 합니다. png 파일로 저장할 때는 레이어에서 템플릿에 저장되어 있던 기본 레이어(가이드라인, occlusion, UV그리드 레이어) 선택을 모두 해제(눈 감기)해야 합니다.

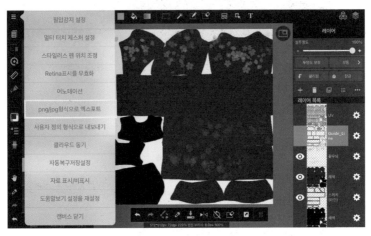

png 형식으로 내보내기(저장)

그리고 작업한 결과물을 png 형식으로 저장한 다음 제페토 스튜디오에서 [업로드하기] 버튼을 눌러 업로드합니다. 업로드가 되면 자동으로 상세정보를 입력할 수 있는 페이지로 이동합니다. 이 페이지에서 아이템의 이름, 태그, 가격 등 기본 정보를 입력하고, 섬네일을 확인할 수 있습니다.

그리고 휴대폰에서 미리보기를 통해 아이템을 내 아바타에 직접 입혀봄으로써 디자인의 모습을 최종 점검할 수 있습니다.

2부. 교육적으로 활용이 가능한 메타버스 플랫폼

제페토 스튜디오 업로드하기

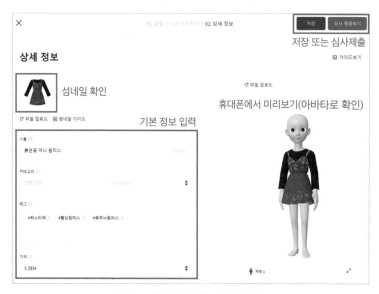

제페토 스튜디오 상세정보 입력 페이지

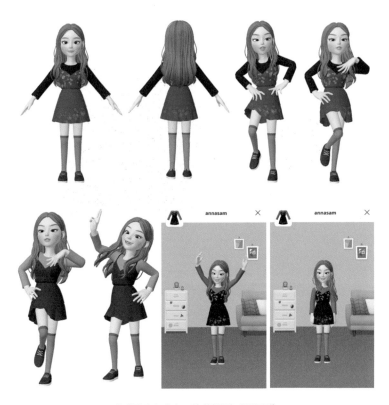

휴대폰에서 미리보기(기본동작, 응용동작)

　참고로 제페토 스튜디오에 디자인한 이미지를 저장만 해도 휴대폰
에서 미리보기가 가능합니다. 휴대폰에서 미리보기를 통해 자신이 디
자인한 아이템을 내 아바타가 입은 다양한 모습을 사진으로 찍을 수
있습니다. '심사하기' 단계까지 가지 않고, 이 단계에서 수업을 종료해
도 괜찮습니다.

　디자인한 아이템을 심사에 제출하면 [내 아이템] 보기에서 [공개]

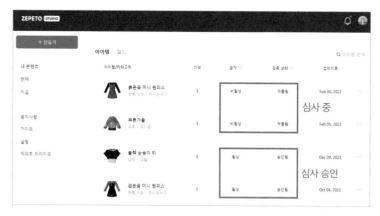

제페토 스튜디오 아이템 심사 - 내 콘텐츠 - 승인 확인

및 [검토 상태] 탭을 통해 승인 상황을 확인할 수 있습니다. 저장만 한 경우에는 '임시저장, 미제출' 상태로 표시되며, 심사에 제출했을 때는 '비활성, 제출됨'으로, 심사에 통과하였을 때는 '활성, 승인됨'으로 표시가 자동 변경됩니다.

승인된 아이템이
제페토 샵에서 판매 중인 모습

　디자인한 아이템을 제페토 스튜디오에 제출하여 심사하고 싶은 학생은 개인적으로 할 수 있도록 다음 단계를 알려주되, 공식적인 학교 수업으로는 심사 이전 단계까지만 진행하는 것을 추천합니다. 이 부분은 학교급, 학년, 학생의 수준과 특성 등을 고려하여 지도교사가 판단할 부분입

니다. 제페토 크리에이터, 아바타 디자인 수업은 교사의 세심한 수업 계획과 꼼꼼한 지도가 뒷받침되면 학생들에게 메타버스와 관련된 좋은 경험이 될 수 있습니다.

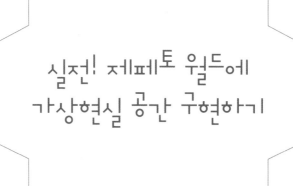

실전! 제페토 월드에
가상현실 공간 구현하기

제페토 빌드잇은 제페토 가상현실 월드에 내가 꿈꾸던 공간을 직접 설계, 제작하는 일종의 샌드박스 서비스입니다. 샌드박스(sandbox)란 나무, 플라스틱 등으로 만들어진 공간에 모래를 담고, 아이들이 그 모래를 가지고 놀 수 있게 하는 공간으로, 우리는 제페토 빌드잇 속에서 마치 아이들의 모래성과 같은 다양한 콘텐츠를 제작할 수 있습니다. 빌드잇은 오로지 PC에서만 구동 가능합니다. PC 권장사항은 다음과 같습니다.

- Windows 10 또는 Mac OS Mojave 이상
- CPU: intel i5 이상 / 메모리: 8GB RAM 이상
- 그래픽: Geforce GTX 660 이상
- 해상도: 1280×720 이상 / 여유 공간: 500MB 이상

빌드잇에서는 마을, 집, 카페, 학교, 결혼식장, 도시까지 총 6개의 기본 템플릿을 제공합니다. 이 기본 템플릿을 뼈대로 사용하여 공간을 꾸밀 수 있고, 기본 템플릿을 사용하지 않고 처음부터 새로운 공간을 만들 수도 있습니다.

빌드잇에 접속하면 이용자는 다양한 블록의 오브젝트를 사용하여 가상세계를 구현할 수 있습니다. 코스페이시스, 마인크래프트, 로블록스 같은 플랫폼에서 가상세계를 구현할 때 코딩 작업이 필요한 것과 달리 제페토 빌드잇은 블록의 오브젝트를 이용하기 때문에 누구나 쉽게 접근할 수 있다는 점이 장점입니다.

오브젝트는 소품, 건물, 주변, 효과, NPC, 가구 등 총 22종이며, 사용하고자 하는 오브젝트를 클릭, 드래그하는 단순한 조작으로 공간 안에 바로 배치할 수 있습니다.

제페토는 PC에서 빌드잇을 사용하여 나만의 월드를 구현할 수 있습니다. 빌드잇을 사용하기 위해서는 제페토 계정이 필수입니다. 제페토 계정을 반드시 생성하도록 합니다. 제페토 계정 생성은 스마트폰에 제페토 앱을 설치한 뒤 계정을 생성하면 됩니다.

빌드잇 설치하기

빌드잇 설치는 다른 프로그램들과 설치 과정이 비슷하여 수월합니다. 설치를 위해서는 제페토 사이트에 접속하여 설치 프로그램을 다운로

제페토 빌드잇 홈페이지 화면

드받아야 합니다. 검색 사이트에서 '제페토 빌드잇'으로 검색하면 위와 같은 화면이 나옵니다.

　현재 사용하는 PC의 OS가 Windows라면 [Windows] 버튼을 클릭하여 다운로드를 받고, Mac을 사용 중이라면 [Mac OS] 버튼을 클릭하여 설치 프로그램을 다운로드합니다. 다운로드한 프로그램을 실행한 뒤 다음 버튼을 눌러가며 저장 경로를 확인하면서 설치하도록 합니다.

빌드잇 로그인하기

빌드잇을 실행하면 다음과 같이 로그인 화면이 나옵니다. 로그인은 계정 로그인과 QR 로그인 두 가지 방법으로 나뉩니다.

제페토 빌드잇 로그인 화면(PC)

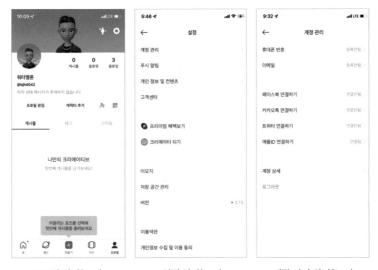

프로필 화면(App)   설정 화면(App)   계정 관리 화면(App)

우선 '계정 로그인'은 제페토 앱에서 생성한 계정 또는 페이스북, 라인, 트위터, 카카오톡 같은 SNS 계정으로 연동하여 사용할 수 있습니다. SNS 계정과 연동하기 위해서는 제페토 앱에 들어가야 합니다. 앱 실행후 [프로필] - [설정] - [계정관리]에서 휴대폰 번호, 이메일, 페이스북 계정을 미리 연결해놓아야 로그인할 수 있습니다.

'QR 로그인'은 연동이 번거롭거나 비밀번호 유출이 걱정될 때 사용할 수 있습니다. 'QR 로그인'은 제페토 앱을 실행한 후 내 프로필에서 맨 우측 QR코드 모양의 아이콘을 터치합니다. 그다음 하단에 있는 스캔하기를 터치한 뒤 빌드잇의 QR 코드를 인식시키면 '로그인 할까요?' 라는 문구가 나타나고 로그인 버튼을 누르면 제페토 빌드잇 프로그램에서 로그인할 수 있습니다.

내 QR코드

QR코드 스캔하기

빌드잇 알아보기

기본 조작 방법

빌드잇에 로그인하면 [새로 만들기]와 [내가 만든 맵]이 좌측 메뉴에 나타납니다. [새로 만들기]는 새로운 맵을 만들 때 사용합니다. 기본 6종의 테마와 아무것도 없는 맵인 Plain까지 총 7가지가 제공됩니다. '내가 만든 맵'은 그동안 만들어 저장해두었던 맵을 불러오는 메뉴입니다. 우선 'School'을 클릭하여 맵을 생성해보겠습니다.

빌드잇 첫 화면

빌드잇 내에서 카메라는 키보드 [W], [S], [A], [D]를 방향키로 사용할 수 있습니다. [Q]는 위로 [E]는 아래로 카메라를 수직 이동합니다. 마우스 왼쪽 버튼으로 오브젝트 선택을 할 수 있으며, 오른쪽 버튼으로 이동하거나 카메라 방향을 조정할 수 있습니다. 처음에는 조작이 익숙하지 않아 서툴겠지만 사용하다 보면 금방 익숙해질 것입니다.

오브젝트, 익스플로러

맵을 생성하면 학교 테마의 맵이 나오는데 좌측 메뉴에는 [오브젝트]와 [익스플로러로 나뉘어 있습니다. 오브젝트가 가상세계를 구현하기 위해 필요한 하나하나의 개체라면, 익스플로러는 맵의 기본 설정과 관련 있는 탭입니다.

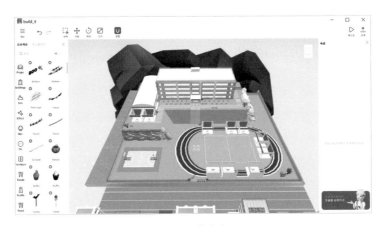
School 맵 화면

오브젝트 창에서 마우스 커서를 옮긴 뒤 마우스 스크롤을 내리면 다양한 오브젝트와 카테고리를 확인할 수 있습니다. 이름과 아이콘을 보면 어떤 오브젝트들이 모여 있는지 쉽게 알아볼 수 있습니다. 이 중 [Custom]이라는 카테고리 오브젝트가 있는데, 이를 이용하여 외부 이

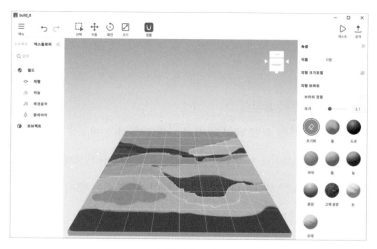

다양한 지형 브러시

미지를 불러와 삽입할 수 있습니다. 다만 유의할 점은 하나의 맵에는 20장까지 이미지를 넣을 수 있고, 하나의 이미지는 다른 커스텀 오브젝트에도 활용이 가능하다는 점입니다. [Custom]에 있는 오브젝트를 삽입했는데 제대로 보이지 않는 경우가 종종 있습니다. 그런 경우에는 상단 정렬 버튼을 클릭하여 비활성화시킨 다음 삽입해보도록 합니다.

익스플로러는 그동안 삽입했던 오브젝트와 지형, 하늘, 배경음악, 플레이어를 다음과 같이 설정할 수 있습니다.

항목	기능
지형	도시, 사막, 숲의 지형을 만들 수 있습니다.
하늘	낮과 밤 등 맵 시간대를 표현할 수 있습니다.

2부. 교육적으로 활용이 가능한 메타버스 플랫폼

| 배경 음악 | 맵에 배경 음악을 삽입할 수 있습니다. |
| 플레이어 | 플레이어의 속도, 점프 레벨을 설정할 수 있습니다. |

익스플로러를 조금 더 자세히 보자면 내가 배치한 오브젝트를 한 눈에 확인하고 관리할 수 있습니다. 익스플로러에 있는 오브젝트를 클릭하면 해당 오브젝트를 직접 찾아 선택할 수 있어 쉽게 편집할 수 있습니다. 오브젝트가 방대하여 찾기 어려울 때 검색을 이용하여 내가 원하는 오브젝트를 빠르게 찾을 수 있는 기능입니다.

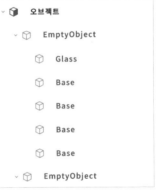

School 맵 화면 익스플로러 메뉴   School 맵 화면 오브젝트 구분

[오브젝트]에 마우스 커서를 갖다대면 자물쇠와 눈 모양의 아이콘이 나오는데 이를 가지고 해당 오브젝트를 선택하지 못하도록 잠그거나 또는 맵에서 보이지 않게 할 수 있습니다.

우측에는 현재 아무것도 나오지 않지만 오브젝트를 클릭하면 해당 오브젝트의 속성을 확인할 수 있습니다.

항목	기능
이름	알아보기 쉽게 오브젝트 이름을 변경할 수 있습니다.
변환	오브젝트의 위치, 회전, 크기를 조절할 수 있습니다.
물리	오브젝트의 물리 영향을 on/off 할 수 있습니다.
색상	원하는 색으로 오브젝트의 색상을 변경할 수 있습니다.

이 중 눈에 띄는 것이 있는데 바로 물리입니다. 물리는 플레이어와 충돌하는 오브젝트의 마찰이나 바운스 효과를 조정하는 데 사용합니다.

물리 속성

따라서 물리 효과를 활성화시키면 해당 기능을 사용할 수 있는 반면, 물리 효과를 비활성화하면 물리 효과를 받지 않고 오브젝트를 고정시킬 수 있습니다. 오브젝트를 공중에 배치한 뒤, 물리 효과를 비활성화하면 점프맵과 같은 형식을 구현할 수 있습니다. School맵 운동장에는 축구공이 있는데 물리 효과를 활성화하면 플레이어가 축구를 하는 듯한 효과를 줄 수 있습니다. 중력 효과도 줄 수 있으니 상황과 오브젝트에 알맞게 해당 기능을 사용하면 됩니다.

Spawn, Save Point, Portal

오브젝트 중 'Spawn'과 'Save Point' 그리고 'Portal'이 있습니다. 우선 'Spawn'은 맵에 입장했을 때 첫 시작점입니다. 시작하는 장소가 여러 곳이 필요하다면 'Spawn' 오브젝트를 각 위치에 저장하면 됩니다. 또는 동시에 여러 사람이 접속한다면 여러 개 설치하는 것이 좋습니다. 'Save Point'는 번역 그대로 저장 지점으로 나중에 'Portal'을 타고 다시 해당 지점으로 돌아올 수 있도록 하는 오브젝트입니다.

Save Point와 Portal 오브젝트
출처: 제페토 스튜디오

각 필요한 지점에 'Save Point'와 'Portal'를 삽입해주는 것이 좋습니다. 예를 들어 학교의 건물이 커서 교실로 이동하는 데 시간이 오래 걸리면 교실과 운동장에 'Save Point'와 'Portal'을 삽입하여 이동시간을 단축시킬 수 있습니다.

기본 메뉴

빌드잇 프로그램 상단에는 저장, 설정 등의 메뉴와 실행취소, 이동, 회전, 크기, 정렬 등의 메뉴가 있습니다.

아이콘	기능
☰ 메뉴	홈으로 돌아가기, 저장하기, 맵 이름 수정하기, 새로 만들기, 설정하기 등을 할 수 있습니다. 설정하기에서 언어를 변경할 수 있고 단축키를 확인할 수 있습니다.
↶ ↷	되돌리기(Ctrl+Z), 다시하기(Ctrl+Y)입니다. 실수해서 지우거나 했을 때 해당 기능을 통해 이전 작업으로 돌아가 복구할 수 있습니다.
⬚ 선택	오브젝트를 선택하는 기능입니다.
✛ 이동	선택한 오브젝트를 X, Y, Z 축을 기준으로 이동하는 기능입니다.
↻ 회전	선택한 오브젝트를 X, Y, Z 축을 기준으로 회전하는 기능입니다.
↗ 크기	선택한 오브젝트의 X, Y, Z 축을 기준으로 크기를 조절할 수 있습니다.
⊍ 정렬	오브젝트를 일정한 간격으로 정렬합니다.

그리고 테스트(Ctrl+P)와 공개 버튼이 있는데, 테스트는 맵이 정상적으로 구현되어 있는지 미리 테스트하는 기능이고 공개는 맵을 제페

2부. 교육적으로 활용이 가능한 메타버스 플랫폼

토에 업로드하는 과정입니다.

테스트, 공개 버튼

다만 유의해야 할 점은 공개한다고 해서 바로 제페토에 탑재되는 것이 아니라 1~2주의 심사 과정을 거쳐야 한다는 것입니다. 간혹 심사에서 탈락되는 경우가 있으니 우측 하단의 도움말 보기를 통해 심사에서 탈락하는 경우를 미리 확인하고 맵을 만드는 것이 좋습니다.

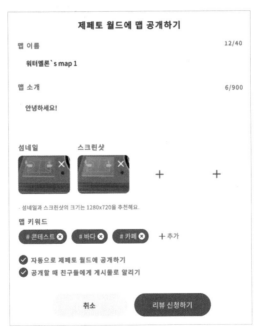

맵 공개하기

맵을 공개할 때에는 맵 이름과 소개, 섬네일, 스크린샷, 키워드 등을 담을 수 있고 자동으로 제페토에 공개가 될지 그리고 친구들에게 게시물로 알릴지에 대한 세부 설정이 가능하니 맵 제작 의도에 맞게 설정하여 [리뷰 신청하기] 버튼을 클릭합니다.

그 외 오브젝트

오브젝트 중에 'Timer Start'와 'Timer Finish'라는 것이 있습니다.

Timer Start와 Timer Finish 오브젝트
출처: 제페토 스튜디오

'Timer Start' 오브젝트는 플레이어가 상호작용함과 동시에 출발하면 플레이 레코드가 시작되고 또 플레이어가 'Timer Finish'에 도착하면 꽃가루와 함께 레코드가 기록됩니다. 이 오브젝트를 가지고 학생들과 체육대회 때 했던 미션 경주와 같은 형식의 레크리레이션을 진행할 수 있을 것입니다. 덧붙여 중간 중간 미션을 학습 내용과 연계한다면, 더 재미있는 수업을 만들 수 있을 것입니다.

도움말 보러가기

[도움말 보러가기]는 빌드잇 프로그램 창 우측 하단에 파란색 배너로 위치해 있습니다.

도움말 보러가기

[도움말 보러가기]는 일종의 Q&A로 제페토 빌드잇을 하며 궁금한 부분들에 대한 답변이 있습니다. 빌드잇을 하며 의문이 생기는 부분은 도움말 보기를 통해 해결할 수 있습니다.

도움말 사이트

빌드잇 수업에 활용하기

앞에서 살펴본 바와 같이 제페토 빌드잇에서는 기본적으로 6가지의 맵을 제공합니다. 기본으로 제공하는 오브젝트들이 다른 메타버스 플랫폼보다 상대적으로 많습니다.

빌드잇에서 기본 맵들을 응용할 수 있는데, 예를 들어 학생들 미술 작품을 사진으로 찍어 디지털화한 뒤, 맵을 생성하고 건물 내부에 액자 오브젝트로 학생 미술 작품을 넣으면 마치 갤러리 같은 느낌을 줄수 있습니다.

학생 작품으로 갤러리 만들기

이처럼 적절한 오브젝트를 삽입하여 수업과 학교 행사에 유용하게 활용할 수 있습니다. 또는 제페토를 이용하여 학생들이 시나리오, 촬영, 편집 등을 맡음으로써 간단한 웹드라마를 제작할 수 있습니다. 기

2부. 교육적으로 활용이 가능한 메타버스 플랫폼

본 기능을 익힌다면 학생들이 웹드라마를 촬영할 세트장도 직접 제작할 수 있습니다.

제페토 웹드라마 제작자(학생) 인터뷰 장면
출처: 스브스뉴스 유튜브 채널

이처럼 제페토는 빌드잇을 어떻게 활용하느냐에 따라 교육 현장에서의 활용 범위가 무궁무진해질 수 있습니다. 지금 바로 제페토와 빌드잇을 사용해보고 어떤 수업에 활용하면 좋을지 고민해보면 어떨까요?

4장

교육공간으로 활용할 수 있는 메타버스
: 이프랜드, 모질라 허브

제페토가 크리에이터를 위한 여러 기능을 갖추고 있는 플랫폼이라면, 이프랜드와 모질라 허브는 메타버스 안에서 수업, 회의, 컨퍼런스 등을 진행하는 공간을 제공하는 것에 포커스를 맞춘 플랫폼입니다.

메타버스 플랫폼 비교: 이프랜드와 모질라 허브

이프랜드(ifland)는 2021년 14일 출시된 메타버스 회의 플랫폼입니다. SK텔레콤에서 개발하던 '점프 버추얼 밋업'을 바탕으로 새롭게 확장한 애플리케이션이죠. 이프(if)와 랜드(land)의 합성어인 이프랜드가 내세우는 가치는 '누구든 될 수 있고, 무엇이든 할 수 있고, 언제든 만날 수 있고, 어디든 갈 수 있는 곳'인 새로운 세상으로서의 메타버스입니다.

이프랜드의 가장 큰 특징은 강의, 회의 또는 컨퍼런스 같은 특정 주제에 대해 대화를 나누기에 최적화된 3D 아바타 기반의 플랫폼이라는 점입니다.

이프랜드 _ 순천향대학교 메타버스 입학식 모습
출처: SK텔레콤Newsroom

모질라 허브 _ 회의공간

3D 아바타를 전면에 내세우고 있다는 점에서 이프랜드는 제페토와 비교했을 때 그 특징이 더욱 잘 드러납니다.

	제페토	이프랜드
출시일 / 개발	2018년 / 네이버Z	2021년 / SK텔레콤
음성 & 화상채팅	가능	가능
아바타 모습	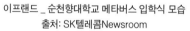	
사진, pdf 등의 자료 공유	불가능	pdf와 동영상(mp4) 파일 공유 가능

사진 & 동영상 촬영	가능	가능
한 방의 입장제한수	유저가 만든 방에 최대 입장 가능한 인원 16명 (관전 60명, 총 76명)	아바타로 보이는 인원 31명 (음성 참여 100명, 총 131명)
오픈플랫폼	아바타 아이템, 공간 제작이 가능한 오픈플랫폼 제공 (제페토 스튜디오, 제페토 빌드잇)	아바타 아이템 제작이 가능한 이프랜드 스튜디오 서비스 제공

제페토의 강점이 아바타 아이템, 공간 제작이 가능한 오픈 플랫폼이라면, 이프랜드의 강점은 회의나 강의에 꼭 필요한 기능인 파일 공유가 가능하다는 점입니다. 물론 아직 pdf와 동영상(mp4) 파일만 공유 가능하지만, 방을 개설한 호스트와 게스트 모두 파일을 공유할 수 있다는 점은 교육 공간으로서 메타버스를 활용할 때 꼭 필요한 기능입니다.

그리고 한 방의 입장제한수도 제페토가 16명인 데 비해, 이프랜드는 31명으로 더 많습니다. 제페토의 경우 최대 입장 가능한 16명보다 더 많은 인원이 참여할 경우 관전 모드로 참여할 수 있지만, 이프랜드는 31명보다 많은 인원이 참여할 경우 관전이 아닌 음성으로 참여할 수 있다는 점에서 차이점이 있습니다. 단지 참여한 사람의 아바타가 보이지 않을 뿐이죠.

다만 초·중·고등학교의 학급당 평균 학생수를 생각해보았을 때, 31명이라는 최대 입장 가능한 수는 조금 아쉽습니다. 넉넉하게 40명까지 입장 가능하다면, 대한민국에 있는 대부분의 초·중·고등학교에서 활용하기에 참

2부. 교육적으로 활용이 가능한 메타버스 플랫폼

좋을 거라는 생각이 듭니다. 그럼에도 불구하고 제페토의 16명에 비하면 2배에 가까운 숫자이기 때문에, 학급당 인원수가 적은 학교에서 이프랜드로 수업을 하는 데는 무리가 없을 것입니다.

이프랜드_회의실 개설   이프랜드_다양한 회의실 종류

이프랜드의 다른 장점은 다양한 회의실을 손쉽게 만들 수 있다는 점입니다. 이프랜드에서 제공하는 랜드(land) 만들기에서 회의실을 선택, 회의방 이름을 작성하고 저장만 하면 바로 회의실이 생성됩니다. 아주 간단합니다. 현재 아트갤러리, K-Pop 하우스, 컨퍼런스홀, 별빛 캠핑장, 모여라 교실 등 24종의 다양한 회의실 콘셉트가 존재하며 지속적으로 추가되고 있습니다.

한편 모질라 허브(Mozilla Hubs)는 3D 아바타를 활용한 가상협업 플랫폼입니다. 메타버스의 필수 요소인 아바타를 사용한다는 점에서 제페토나 이프랜드와 유사하지만, 모질라 허브는 제페토, 이프랜드보다는 원격 화상회의 플랫폼인 줌(ZOOM)과 여러모로 닮았습니다.

	줌(ZOOM)	모질라 허브
제공하는 대표 서비스	화상회의 서비스	3D 가상공간, 메타버스 회의 서비스
기능	화상회의, 온라인 회의, 채팅 가능 사진, 동영상 촬영 가능 파일 및 화면 공유 가능	
가상공간 디자인	불가능	펜(pen)기능, 3D모델, 이미지, 동영상 불러오기 가능
특징	서로 다른 공간에 떨어져 있는 사람들끼리 마주 보고 대화를 나누고 소통할 수 있음	아바타를 이용한 3D 가상현실 경험을 제공함 오픈플랫폼, Mozilla Hubs Spoke 서비스 제공: 메타버스 공간 빌드(구현) 가능

사실 제페토는 게임과 오락적인 성격이 강하고, 이프랜드는 아바타를 이용한 회의, 소모임에 특화되어 있습니다. 모질라 허브는 화상회의 서비스인 줌이 가진 대부분 기능을 갖추었고 동시에 줌에서 제공하지 않는 3D 아바타, 공간에 3D 모델링 불러오기 등의 다양한 추가 기능을 갖추고 있습니다.

모질라 허브에서는 방을 개설한 호스트가 아니더라도 방 안에 3D 모델

hubs **moz://a**   Spoke   Guides   Developers   Community   Hubs Cloud   Signed in as knu...@gmail.com   Sign Out

Meet, share and collaborate together in private 3D virtual spaces.

Create Room

Instantly create rooms

Share virtual spaces with your friends, co-workers, and communities. When you create a room with Hubs, you'll have a private virtual meeting space that you can instantly share - **no downloads or VR headset necessary.**

Communicate and Collaborate

Choose an avatar to represent you, put on your headphones, and jump right in. Hubs makes it easy to stay connected with voice and text chat to other people in your private room.

An easier way to share media

Share content with others in your room by dragging and dropping photos, videos, PDF files, links, and 3D models into your space.

모질라 허브 시작 화면

을 불러올 수 있고, 이미지와 동영상을 회의실 곳곳에 자유롭게 띄우는 것도 가능합니다. 심지어 회의실 벽면에 내가 공유하고 싶은 이미지를 벽에 액자를 걸어놓듯 고정시킬 수도 있습니다. 모질라 허브에서 제공하는 이러한 기능들은 다양한 사람이 모여서 음성이나 채팅으로 회의를 하는 것을 넘어, 더 다양한 협업이 가능하도록 해줍니다.

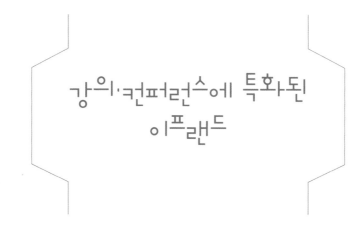

강의·컨퍼런스에 특화된 이프랜드

이프랜드는 앞서 말한 바와 같이 강의, 회의 또는 컨퍼런스에 최적화된 플랫폼입니다. 그래서 다른 메타버스 플랫폼들보다 기능들이 단순하여 호스트가 사전에 세팅할 것들이 그리 많지 않습니다. 이프랜드 호스트는 pdf나 동영상(mp4 또는 mov)을 이용해 사람들 앞에서 발표할 수 있게끔만 해주면 됩니다. 따라서 강의자료를 pdf로 변환하거나 영상화하여 랜드 안에 삽입만 하면 누구나 쉽게 강의를 하고 회의자료를 삽입하여 회의를 진행할 수 있습니다. 이번 절에서는 이프랜드 사용 방법을 조금 더 구체적으로 알아보겠습니다.

회원가입하기

우선 이프랜드 앱을 앱스토어나 플레이스토어에서 다운로드받아 실행합니다. 실행을 하면 다음과 같이 로그인 화면이 나오는데, T아이디, Apple, 페이스북, Google 총 4가지의 로그인 및 회원가입 방식이 있습니다. 현재 가지고 있는 계정으로 로그인합니다. 서비스 이용과 관련하여 동의 여부가 나오는데 전체 동의하거나 필수 항목만 선택한 후 하단에 있는 [동의하고 시작하기]를 터치합니다.

로그인 화면   서비스 이용 동의 화면

닉네임 설정 및 아바타 꾸미기

[동의하고 시작하기] 버튼을 누르면 나만의 닉네임을 설정하고 아바타를 꾸밀 수 있는 화면이 나옵니다. 닉네임을 입력하고 아바타 꾸미기를 터치하면 한 벌 의상, 상의, 하의, 액세서리 등 다양하게 취향껏 아바타를 꾸밀 수 있으니 전체적으로 살펴본 뒤 내 취향에 맞게 또는 나와 비슷하게 꾸미도록 합니다. 아바타를 다 꾸몄다면 반드시 [저장] 버튼을 누른 뒤 하단의 홈버튼을 눌러 이프랜드를 시작합니다.

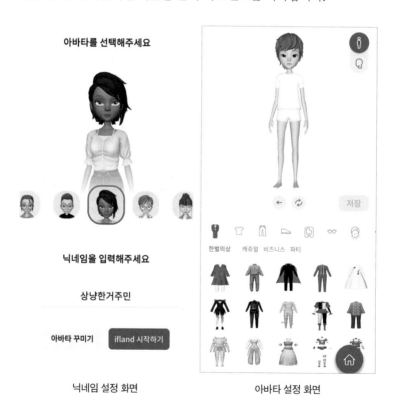

닉네임 설정 화면   아바타 설정 화면

랜드 생성하기

아바타와 닉네임 설정까지 마치고 나면 메인 화면이 나옵니다. 중앙에는 내 아바타와 닉네임이, 하단에는 현재 생성된 랜드(land)가 표시됩니다. 우측 하단 [+] 버튼을 누르면 나만의 land를 만들 수 있습니다. [+]을 누르면 land 만들기라는 화면과 함께 land 이름과 맵 선택, 시간, 태그, 공개 설정 여부를 선택할 수 있는 화면이 나타납니다.

랜드 이름은 최대 20자까지 가능하며, 시간에서 바로시작으로 설정하면 현재 시간을 기준으로 1시간 안에 바로 모임 진행이 가능합니다. 또한 미리 예약을 선택하면 10분 단위로 시작 시간과 종료 시간을 사용자가 직접 설정할 수 있습니다. 그리고 태그는 최대 3개까지 선택

이프랜드 메인 화면

land 만들기 화면

이 가능하며 공개를 비활성화하면 비공개로 전환되어 입장코드로만 입장이 가능합니다. 회의와 강의 콘셉트에 알맞은 맵을 선택하고 상황에 맞도록 설정하여 강의용 또는 컨퍼런스용 랜드를 생성해보세요.

기본 사용 방법 알아보기

랜드 안에서 사용하는 기본 메뉴와 기능

랜드가 생성되었다면 준비할 것들은 거의 마무리되었습니다. 이번에는 이프랜드 내의 기본적인 기능과 사용법을 알아보겠습니다.

이프랜드 기본 화면 및 감정 표현

우선 좌측에는 아바타를 이동할 수 있는 조작 패드가 위치해 있습니다. 그리고 우측에는 아바타가 표현할 수 있는 감정 및 모션이 60여 개가 있습니다. '감사합니다', '고맙습니다' 등의 말을 직접 타이핑하기

보다는 여기에 있는 것들 중 상황에 맞는 아이콘을 터치하여 내 감정과 모션을 쉽게 표현할 수 있다는 장점이 있습니다.

좌측 상단의 [1/131]은 랜드에 '입장한 인원/입장할 수 있는 인원'입니다. 131명이 입장할 수 있는 랜드에 1명이 입장한 상황입니다. 이를 터치하면 다음과 같은 화면이 나오는데 여기서 랜드에 참여한 사람들의 목록을 확인할 수 있습니다. 그리고 호스트, 발표 권한이 있는 이용자, 말하고 있는 이용자, 마이크를 끈 이용자를 확인할 수 있습니다.

랜드 내 참가자 목록

그리고 랜드에는 최대 131명이나 31번째 이후 참석자는 [ON Stage]가 아닌 [OFF Stage]로만 참여가 가능합니다. 여기서 [ON Stage]는 아바타 참여이고 [OFF Stage]는 음성으로만 참여하는 것입니다. 뒤에서 설정 방법을 설명하겠습니다.

[1/131] 옆에 있는 [i] 모양의 아이콘을 터치하면, 생성한 랜드에 대한 정보가 표시됩니다. 여기에는 'land 이름', '호스트의 이름', 'land 생

성 시간', '참여 링크'가 표시됩니다.

랜드 정보

그 옆 지구 모양의 아이콘은 다른 랜드를 탐색하는 기능을 합니다. 혹시 관심이 있는 랜드가 있다면 이를 터치하여 해당 랜드로 이동할 수 있습니다.

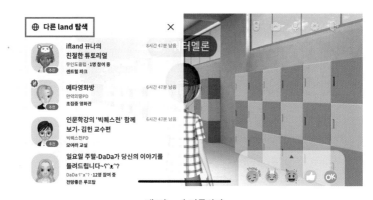

랜드(land) 이동하기

다른 land로 이동하기 옆에 있는 사람 모양의 아이콘은 내가 들어와 있는 랜드로 사람들을 초대할 수 있는 기능입니다. 해당 기능을 이용하여 함께 회의를 할 사람이나 강의를 들을 수강생을 초대할 수 있습니다.

랜드 초대하기

이번에는 화면의 오른쪽 상단에 있는 메뉴들을 알아보겠습니다.

카메라 모양 왼쪽에 있는 아이콘을 터치하면 스크린에 파일을 삽입할 수 있는 설정이 표시됩니다. 여기서 [자료 공유] 버튼을 클릭하여 pdf 파일 내지 동영상(mp4, mov) 파일을 삽입할 수 있습니다. 삽입하면 랜드 내 대형 스크린으로 해당 자료를 함께 볼 수 있습니다.

스크린에 자료(pdf, 동영상) 공유하기

    랜드 안에서 스크린으로 보면 스크린이 작아 글씨 등이 잘 보이지 않습니다. 이런 경우에는 자료 공유 아이콘을 다시 터치하여 더 큰 화면으로 pdf 자료나 영상을 볼 수 있습니다. 그리고 호스트는 중간에 자료를 변경할 수 있고 제어 권한을 부여하여 다른 참가자가 자료를 스크린에 공유할 수 있도록 할 수 있습니다.

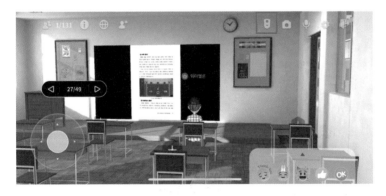

스크린에 삽입된 자료 보기

자료 공유 아이콘 옆 사진기 아이콘을 클릭하면 현재 화면을 스크린샷으로 찍어 사진첩에 저장할 수 있습니다. 스크린샷을 찍으면 하단에 이프랜드 로고가 자동으로 생성됩니다. 강의나 회의가 마무리된 후 인증샷 등의 용도로 사용할 수 있습니다.

스크린샷 촬영하기

스크린샷 아이콘 옆에는 마이크 아이콘이 있는데 예상할 수 있듯이 내 마이크를 켜고 끄는 용도입니다. 줌이나 다른 회의 프로그램과 같은 기능입니다.

음성채팅 마이크 켜고 끄기

마이크 옆 톱니바퀴 아이콘은 설정을 변경하는 기능입니다.

설정하기

　[소리듣기]는 상대방의 소리를 들을 것인지 여부를, [land 수정]은
시간, 태그, 공개 여부를 설정할 수 있습니다. [공지 등록]은 land에 공
지를 등록하는 것으로 공지가 등록되면 land 정보 아이콘에서 공지를
확인할 수 있습니다. [마이크 권한 설정]은 호스트만 이야기할 수 있게
할 것인지 전체가 이야기를 할 수 있게 할 것인지를 설정합니다. [참여
모드 설정]에서는 [ON Stage]와 [OFF Stage]가 있습니다. 따라서 해
당 메뉴를 비활성화했을 때에는 해당 Stage는 참여할 수 없습니다. 예
를 들어 [OFF Stage]는 활성화하고 [ON Stage]를 비활성화한다면, 모
두가 음성으로만 참여하게 됩니다. 마지막으로 [호스트 변경]은 다른
참여자에게 호스트 권한을 양도하는 기능입니다.
　지금까지 랜드 내에서 사용하는 기본 메뉴와 기능을 알아보았습니
다. 이제 회의, 강의 등 목적에 맞는 랜드를 생성하여 구성원들과 함께

즐거운 경험을 만들어보세요.

스크린에 영상이 삽입되지 않는 경우

이프랜드 스크린에 삽입할 수 있는 포맷은 앞서 말한 것과 같이 pdf와 동영상(mp4 또는 mov) 파일만 가능합니다. 일부 동영상의 경우 재생이 안 되는데 이프랜드와 호환되는 포맷은 H.264 코덱만 가능하고 Full HD(1920×1080) 해상도까지만 가능합니다. 만일 이프랜드 내에서 영상이 원활히 재생되지 않는다면, KineMaster 등의 영상 편집 앱으로 인코딩한 뒤 삽입하면 됩니다.

아이폰에서 영상 또는 pdf 파일 업로드가 되지 않는 경우

안드로이드 계열 스마트폰은 곧바로 영상과 pdf 파일을 찾아 업로드할 수 있으나 아이폰은 첨부 아이콘을 터치했을 때 파일함으로 연동되기 때문에 동영상을 바로 탑재할 수 없습니다. pdf 또한 저장하는 방법과 업로드하는 방법을 잘 모르겠는 경우가 있습니다.

제일 먼저 해야 할 일은 동영상과 pdf를 파일로 내보내는 것입니다. 동영상의 경우, 탑재하기를 원하는 동영상에 들어가 [공유] 버튼을 누릅니다. 스크롤을 내려보면 [파일에 저장]이라는 버튼이 있는데 이를 터치하고 저장 경로가 '나의 iPhone'인 것을 확인한 뒤 우측 상단 [저장] 버튼을 터치합니다. 파일 앱에 가보면 정상적으로 해당 동영상이 옮겨진 것을 확인할 수 있습니다.

[파일에 저장] 버튼　　　　　　　　　　파일 앱에 저장하기

　　pdf 파일 또한 방식은 비슷합니다. 카카오톡 또는 메일에서 pdf 파일을 열고 마찬가지로 [공유] 버튼을 터치합니다. 그러면 동영상을 옮겼을 때와 마찬가지로 [파일에 저장] 버튼이 있는데 이를 터치하고 경로를 확인한 다음 [저장] 버튼을 누르면 됩니다.

좌측 하단 공유 버튼　　　　　　　　　[파일에 저장] 버튼

이제 파일에 동영상과 pdf 파일을 옮겼습니다. 이프랜드에 들어가서 첨부 아이콘을 클릭한 뒤 영상 또는 pdf 파일을 스크린에 탑재해보세요.

아이폰에서 영상이 삽입되지 않는 경우

아이폰에서는 일반적으로 영상이 스크린에 정상적으로 삽입되지만, 종종 다음과 같은 문구가 뜨며 삽입이 불가능한 경우가 생깁니다.

영상 삽입 시 오류 화면

그 이유는 아이폰 촬영 설정 방식의 차이입니다. 안드로이드 계열 스마트폰과 달리 아이폰은 사진과 동영상 촬영 설정을 하는 방법을 선택할 수 있다는 특징이 있습니다. 다음 표를 보도록 하겠습니다.

	사진	동영상
고효율성	HEIF	HEVC
높은 호환성	JPEG	H.264

만일 사용자가 고효율성으로 설정했다면, 이프랜드에서 요구하는 포맷을 지원하지 않아 동영상 삽입이 불가능할 수 있습니다. 그래서 앞서 설명한 것처럼 동영상 편집 앱을 이용해 인코딩하는 작업이 필요합니다.

또는 영상을 앱을 통한 인코딩 과정 없이 곧바로 이프랜드에 탑재하기를 원한다면, 촬영 설정을 변경하고 재촬영해야 합니다. 설정을 변경하기 위해서는 아이폰 설정 앱에서 카메라에 들어갑니다. 카메라 설정 중 포맷을 선택하면 카메라 캡처 방식을 고효율성과 높은 호환성 중 선택하게 되어 있습니다. 여기서 높은 호환성을 터치하여 설정을 변경하도록 합니다.

 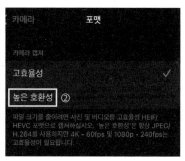

카메라 포맷 위치   포맷 변경하기

이프랜드 활용 사례 알아보기

앞서 이프랜드를 회의, 강의용 중심으로 설명했으나 이 외에 다양한 방법으로도 활용할 수 있습니다. 대표적으로 몇 가지를 함께 살펴보도록 하겠습니다.

 지난 2021년 9월 17일 청양군청에서는 '메타버스 제2회 청년의 날 기념행사, 2021 청양랜드'라는 이름으로 온라인과 오프라인 행사를 병행하였습니다. 이 행사를 통해 청년들이 청양에 정착하기 위한 방안을 함께 이야기하고 논의하는 장을 마련했습니다. 이처럼 공공기관에서도 이프랜드를 적극 활용하고 있습니다.

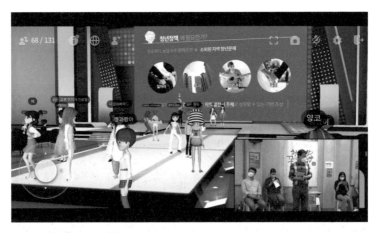

청양군청 행사 모습
출처: 청양군청 유튜브 채널

 그리고 학생들이 한창 관심 있어 하는 웹드라마를 제작하기도 합니다. 이프랜드에서 자체적으로 웹드라마를 제작하여 유튜브에 탑재하고 있으며, 학생들과 함께 동아리활동으로 웹드라마를 제작할 수도 있습니다. 카메라 앞에서 촬영해야 한다는 부담을 느끼는 학생이라면 이 기회에 그 부담감을 해소할 수 있습니다.

웹드라마 만약의땅
출처: 이프랜드 유튜브 채널

웹드라마 외에도 레크리레이션 용으로도 사용할 수 있습니다. 간단한 OX퀴즈와 모션과 감정 이모티콘을 이용한 '같은 동작 동시에 하기' 등 회의나 강의를 시작하기 전에 레크리레이션 활동을 진행할 수도 있습니다.

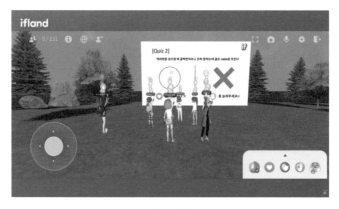

퀴즈 풀기
출처: 이프랜드 유튜브 채널

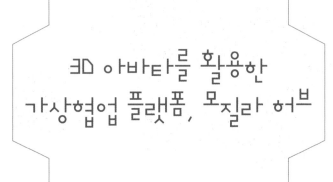

3D 아바타를 활용한 가상협업 플랫폼, 모질라 허브

모질라 허브의 가장 큰 특징은 3D 아바타를 이용한 가상 회의 공간 속에서 사람들과 함께 여러 가지 협업을 할 수 있는 기능을 제공하는 메타버스 플랫폼이라는 점입니다. 모질라 허브를 잘 활용하기 위해서는 '회의'와 '협업'의 기능에 대해 잘 이해해야 합니다.

먼저 '회의'는 가상공간에서 다른 사람들과 만나 채팅, 음성, 이모티콘 등으로 대화하고 소통하는 것을 말합니다. 제페토, 이프랜드, 게더타운 등 다른 메타버스 플랫폼에서도 가능한 기능이죠. 회의 기능은 대부분의 메타버스 플랫폼에서 공통으로 제공하는 기능이지만, 플랫폼마다 제공하는 디자인, 호스트 권한, 참여 인원수는 각기 다릅니다.

'협업'은 회의에 참여한 사람들끼리 협력하여 하나의 일을 완성하는 것을 말합니다. 온라인상에서 협업이 가능하기 위해서는 플랫폼에서 협업을 위한 기능들을 제공해야 합니다. 모질라 허브는 다른 메타버스 플랫폼과는 다르게, 3D 아바타를 이용하여 회의에 참여하는 모든 사람이 채팅, 음성, 이모티콘, 자료 공유 등 협업에 필요한 여러 기능을 제공합니다.

먼저 모질라 허브에서 개설할 수 있는 회의 공간들을 살펴볼까요? 모질라 허브에서 제공하는 공간들은 생각보다 아주 다양합니다. 대규모 회의가 가능한 컨퍼런스 홀, 야외 축제를 할 수 있는 페스티벌 공간,

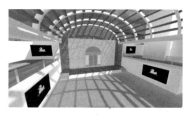
컨퍼런스 공간_Garhering Hall

야외축제 공간_Outdoor Festival

상상의 공간_River island

학교 공간_Hubs school v1.0

전시 공간_Modular Art Gallery

전시 공간_Gallery

3D 아바타를 활용한 가상협업 플랫폼, 모질라 허브

동화 속 상상의 나라 같은 섬, 교실 수업이 가능한 학교 공간, 학생들의 작품을 전시할 수 있는 다양한 갤러리 공간까지 원하는 모습의 공간을 선택하기만 하면 바로 그 공간에서 사람들과 회의를 진행할 수 있습니다.

회의방(Room)을 개설하는 방법은 단순하고 쉽습니다. 모질라 허브(hubs.mozilla.com) 홈페이지에 로그인하고 방을 생성하는 것입니다. 별도의 프로그램을 설치하거나, 어플을 깔 필요가 없습니다.

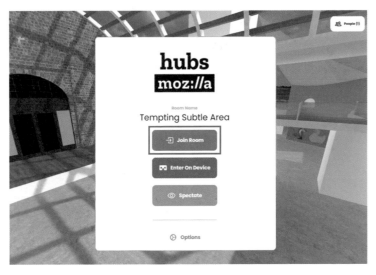

모질라 허브 회의방 개설 - [Join room]

접속은 룸으로 바로 들어가는 방법(Join Room)과 VR헤드셋 같은 장치(Enter on Device)를 사용하는 방법, 관전모드로 접속하는 방법(Spectate)으로 가능합니다. 일반적으로는 회의방을 개설하는 호스트가 룸으로 바로 접속하며, 이때 시작 [옵션]에서 회의방 옵션을 설정할 수 있습니다.

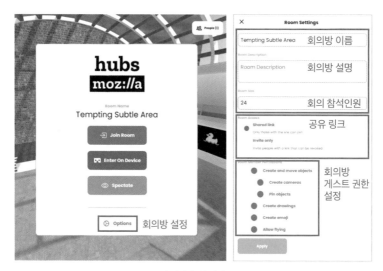

회의방 옵션 설정

회의방 옵션에서는 회의방 이름, 설명, 참석인원, 게스트 권한을 설정할 수 있습니다. 이때 게스트 권한을 살펴보면 모질라 허브에서 다른 사람과 협업할 때 어떤 기능이 가능한지를 확인할 수 있습니다.

오브젝트 만들고 이동하기와 오브젝트 고정시키기

오브젝트를 만들고 이동하는 기능(Create and Move Objects)은 모질라 허브가 아닌 다른 플랫폼에서는 보기 힘든 기능입니다. 모질라 허브에서 호스트는 3D 물체(3D Model)를 회의 공간 안에 불러올 수 있으며, 원하는 위치로 움직이고, 고정시킬 수 있습니다. 이는 호스트가 개설한 갤러리 방에 게스트가 예를 들어 '로댕의 생각하는 사람 3D 조각상'을 불러와 배치하고 고정시킬 수 있다는 의미입니다.

회의방_갤러리 모습   회의방_3D물체(조각상) 배치하기

로댕 조각상을 배치하고 고정(pin)시키기

이 기능은 모질라 허브가 왜 가상 '협업' 플랫폼이 될 수 있는지를 명확히 보여줍니다. 현재 대부분의 메타버스 플랫폼에서는 방을 만드는 주체인 호스트가 여러 가지 오브젝트를 만들고, 배치하고, 고정시킬 수 있습니다.

하지만 만들어진 방에 초대받아 입장하는 게스트는 이미 만들어진 방을 이용할 수는 있지만, 스스로 방을 꾸미거나 무언가를 덧붙일 수는 없습니다. 하지만 모질라 허브에서는 가능합니다.

이 오브젝트를 만들고, 이동하고, 고정시키는 기능을 활용한다면 회의 장소를 학생과 교사가 함께 꾸미는 것이 가능합니다. 학생들에게 회의 공간에 방을 나눠주고, 모둠별 활동을 진행하게 할 수도 있습니다. 또한 학생들이 실시간으로 직접 자신의 그림을 불러와서 벽에 붙이는 것도 가능해서 전시회장을 함께 꾸미는 등의 다양한 교육활동을 계획하고 실행할 수 있습니다.

카메라를 실행하기와 그림 그리기

카메라를 실행하기(Create Camera) 기능은 원하는 특정 공간에서 카메라를 실행시켰을 때, 내 아바타와 그 주변의 모습을 사진으로 찍거나 동영상을 촬영할 수 있는 기능입니다. 동영상은 3초부터 7, 15, 30, 60초를 선택하여 촬영할 수 있습니다.

촬영한 동영상은 바로 모질라 허브의 공간에 업로드됩니다. 업로

카메라 실행 기능

그림 그리기 기능

카메라로 촬영한 동영상 오브젝트 기능

2부. 교육적으로 활용이 가능한 메타버스 플랫폼

드 된 동영상은 3D 모델과 같은 다른 오브젝트와 동일한 기능을 사용할 수 있습니다. 즉 게스트는 이 영상을 원하는 공간의 위치로 옮기고, 그 자리에 고정(Pin)시킬 수 있습니다.

그리고 영상은 바로 주소(Link)가 생성되어, 현재 같은 회의방에 있지 않은 사람에게도 주소를 전달하거나 공유할 수 있습니다. 또한 영상을 트위터로 바로 업로드(Connect to Twitter) 할 수 있는 기능도 제공합니다.

화면 공유하기와 파일 업로드하기

화면 공유하기(Share) 기능은 줌(zoom)에서 사용하는 기능과 동일하며 전체화면 공유, 열려 있는 창 공유, 인터넷 탭 공유 중 선택할 수 있으며, 오디오 공유 버튼이 별도로 존재합니다.

파일 업로드(Upload-Custom object) 기능은 말 그대로 모질라 허브의 회의 방 공간에 파일을 직접 업로드하는 기능으로, 이미지(jpg, png, gif), 오디오(mp3) 및 동영상(mp4), 3D 모델(glb) 파일의 확장자를 모두 지원합니다. 또한 인터넷 페이지 링크를 직접 회의 방 공간에 불러올 수도 있습니다.

그 밖에도 감정을 표현할 수 있는 기능 [Create emoji] - [React]이나 아바타의 눈높이가 아닌 비행(Allow flying) 시점으로 공간을 탐색하는 것도 가능합니다.

화면 공유 및 파일 업로드 기능

인터넷 페이지 링크를 회의 방에 불러온 모습

인터넷 페이지 링크를 회의 방에 불러왔을 때 - 오픈링크로 연결

2부. 교육적으로 활용이 가능한 메타버스 플랫폼

이모지 표현하기 - [React]

　　이처럼 모질라 허브에서 제공하는 협업의 기능들은 매우 다양합니다. 이 기능들을 잘 활용한다면, 학생들은 교사가 개설한 공간을 탐색하는 수동적 참여자를 넘어서, 3d 오브젝트, 이미지 등을 불러와서 스스로 공간 자체를 기획하고, 꾸미는 능동적 참여자로써 존재할 수 있습니다.

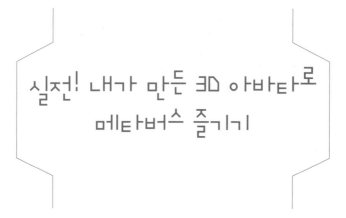

실전! 내가 만든 3D 아바타로
메타버스 즐기기

모질라 허브에서는 3D 모델링 프로그램으로 만든 3D 모델이나 애플리케이션으로 만든 아바타를 연동하여 사용할 수 있습니다. 그래서 모질라 허브에서 사용하는 아바타는 천편일률적이지 않으며 각각의 개성이 강합니다.

외부의 아바타를 모질라 허브에 직접 연동시킬 수 있다는 점은 제페토, 이프랜드 등과는 다른 차별점이라고 볼 수 있습니다. 예를 들어 제페토는 기본으로 제공하는 눈, 코, 입, 머리, 얼굴형 등을 선택하고, 크기나 모양, 색을 조절함으로써 주어진 기본 설정에서 나의 아바타를 만듭니다. 따라서 남들과는 다르게 아바타를 만들 수 있지만 기본 틀을 벗어나는 아바타를 외부에서 불러오거나 업로드할 수는 없습니다.

하지만 모질라 허브에서는 다른 사이트, 프로그램 등을 이용하여 제작한 3D 아바타를 불러와 모질라 허브 내에서 나의 아바타로 사용

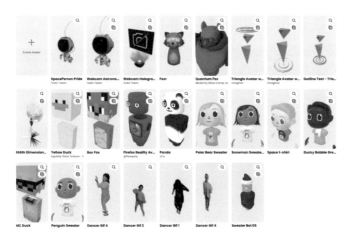

모질라 허브에서 제공하는 다양한 아바타의 모습들

할 수 있는 기능을 제공합니다. 이는 모질라 허브의 독특한 점이며, 내가 만든 3D 아바타로 메타버스를 즐길 수 있다는 장점을 가집니다.

이번 절에서는 세 가지 프로그램을 사용하여 3D 아바타를 제작하고, 내가 만든 아바타로 모질라 허브에 접속하는 방법을 알아보겠습니다. 3D 모델링 프로그램의 대표격인 마야(Maya), 블랜더(Blender), 3DMAX, 지브러쉬(ZBrush) 등을 사용하는 방법도 있지만, 이 프로그램들은 전문적이라 기능을 익히는 데도 오래 걸리고 교사들이 학생에게 직접 지도하기도 어렵습니다.

따라서 학생들과도 함께할 수 있을 만큼 손쉬운 프로그램을 사용해서 간단하게 3D 아바타를 만들어보도록 하겠습니다. 우리가 사용할 세 가지 프로그램은 바로, 핵위크 아바타 메이커(Hackweek Avatar Maker), 3D 그림판, 레디 플레이어 미(Ready Player Me)입니다.

핵위크 아바타 메이커로 아바타 만들기

먼저 핵위크 아바타 메이커는 2021년에 허브(Hubs) 팀에서 프로젝트로 개발한 아바타 편집기입니다. 인터넷 창에 주소를 입력하면(https://mozilla.github.io/hackweek-avatar-maker/) 별도의 프로그램 설치 없이, 바로 접속하여 사용할 수 있습니다.

핵위크 아바타 메이커에서는 머리, 피부색, 눈, 눈썹, 입, 수염, 의상 등을 선택, 조합하여 2등신 아바타를 만들 수 있습니다.

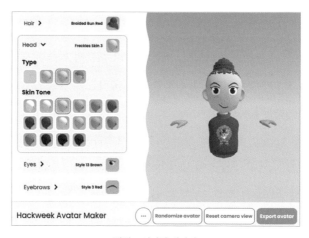

핵위크 아바타 메이커

핵위크 아바타 메이커로 만들 수 있는 다양한 아바타의 모습들

또한 아바타 편집기에서 제공하는 것을 조합하는 방법 외에도, 별도의 커스텀을 업로드(Upload custom part)하여 아바타를 추가로 꾸밀 수 있는 기능도 제공합니다. 예를 들면 그림판 3D에서 그린 고양이를 업로드하여 핵위크 아바타와 결합할 수도 있습니다.

핵위크 아바타 메이커_그림판 3D로 그린 고양이 커스텀 업로드

이처럼 핵위크 아바타 메이커는 사이트 내에서 원하는 것을 선택, 조합만 하면 되며, 그림판 3D에서 그린 3D 그림을 업로드할 수 있기 때문에 초등학생부터 수업 활용에 적당합니다.

핵위크 아바타 메이커에서 원하는 아바타를 편집했다면, 아바타 내보내기 [Export avatar] 버튼을 클릭해 아바타를 다운로드할 수 있습니다. 다운로드된 아바타는 3D 오브젝트로 저장됩니다. 다운로드 받은 아바타를 모질라 허브와 연동시키는 방법은 간단합니다.

먼저 모질라 허브에 로그인한 다음, 방을 하나 생성합니다. 방을 생성하면 나오는 메인 페이지에서 오른쪽 하단의 점 3개를 클릭하여, [Change Name & Avatar]를 선택하면 아바타의 세팅을 변경할 수 있는 창이 뜹니다.

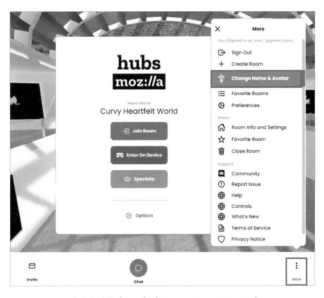

아바타 연동: [More] - [Change Name & Avatar]

이 창에서 아바타의 이름을 영문으로 변경할 수 있으며, [Create Avatar]를 클릭하여 핵위크 아바타 메이커에서 다운로드받은 3D 오브젝트를 업로드할 수 있습니다. 업로드는 [Custom GLB]를 선택, 미리보기 화면에서 아바타를 확인 후 저장하면 완료되며, 바로 모질라 허브에 연동됩니다.

2부. 교육적으로 활용이 가능한 메타버스 플랫폼

아바타 세팅 변경   아바타 상태 확인

핵위크 아바타 메이커에서 제작한 아바타를 모질라 허브에 연동한 모습

그림판 3D 프로그램으로 아바타 만들기

다음으로 3D 아바타를 만드는 두 번째 방법은 그림판 3D 프로그램을 이용하는 것입니다. 그림판 3D는 Windows 10부터 사용할 수 있으며, 마이크로소프트 홈페이지에서 무료로 다운로드받아 사용할 수 있습니다.

3D 그림판은 데스크톱에서 마우스로 그림을 그린다고 할 때 바로 연상되는 '그림판'의 기본 틀에 3D 페인팅과 관련된 기능이 추가된 프로그램이라고 생각하면 쉽습니다. 3D 그림판에서는 마커, 펜, 연필 등의 브러시 툴을 이용한 2D 그림과 3D 브러시 툴, 3D 개체 그리기, 3D 모델 불러오기를 이용한 3D 그림을 모두 그릴 수 있습니다.

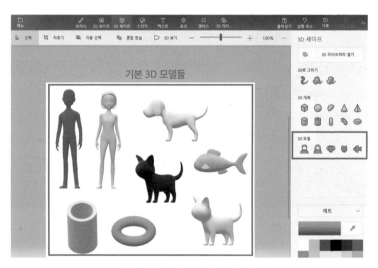

[3D 세이프] - [3D 모델] 불러오기

3D 그림판의 사용 방법이 다른 프로그램에 비해 매우 간단해서 여러 모양의 3D 아바타를 제작하게끔 지도하기에 좋습니다.

특히 클릭 한 번으로 정육면체, 구형, 반구 원뿔형, 도넛형 등의 개체를 불러올 수 있는 [3D 개체] 기능과 남자, 여자, 강아지, 고양이, 물고기의 기본 모델을 제공하는 [3D 모델] 기능을 사용하면 처음 3D 그림을 그리는 학생과 교사 모두 그럴싸한 3D 오브젝트를 완성할 수 있어 초등학생 이상의 수업용으로도 적합합니다.

그림판 [3D 모델]을 불러와 색, 무늬, 얼굴 표현하여 완성한 3D 고양이

위 사진은 [3D 셰이프] - [3D 모델]에서 기본으로 제공하는 3D 고양이 오브젝트를 불러와 색, 질감, 무늬를 변경하고, 눈·코·입을 그려서 완성한 3D 고양이입니다. 이렇게 만든 고양이 오브젝트는 [다른 이름으로 저장] - [파일형식: 3D모델]로 저장하고, 모질라 허브에서 내 아바타로 사용할 수 있습니다.

그림판 3D로 만든 고양이를 모질라 허브에서 아바타로 사용하는 모습

모질라 허브에서 3D 고양이 아바타를 저장하는 방법은 핵위크 아바타 메이커로 만든 아바타를 연동시키는 방법과 동일합니다.

레디 플레이어 미로 아바타 만들기

마지막으로 학생들과 함께 3D 아바타를 만드는 세 번째 방법은 레디 플레이어 미(https://readyplayer.me/)에서 내 사진으로 아바타를 만들고, 모질라 허브로 연동시키는 방법입니다.

레디 플레이어 미(Ready Player Me)는 메타버스를 위한 크로스 게임 아바타 플랫폼입니다. 이곳에서 만든 아바타는 모질라 허브뿐 아니라

VR, 모바일, 데스크톱, 웹사이트 등 670개 이상의 애플리케이션과 게임에서도 사용할 수 있어 외국에서 많이 활용되고 있습니다.

레디 플레이어 미에서 제작한 아바타_ 모질라 허브와 연동 가능

레디 플레이어 미를 추천하는 이유는 쉽고 간편하게 3D 아바타를 만들 수 있기 때문입니다. 카메라로 얼굴을 촬영하거나, 내 사진을 업로드하여 아바타를 만들 수 있으며, 사진을 선택하지 않고도 기본 아바타에서 변형을 할 수 있습니다.

레디 플레이어 미에서 제작할 수 있는 아바타는 머리끝부터 발끝까지 제작이 가능한 전신 모델과 머리부터 가슴까지 제작이 가능한 반신 모델이 있습니다. 둘 중 원하는 형태를 선택하여 제작할 수 있으며,

레디 플레이어 미_아바타 제작(전신, 반신)

둘 다 모질라 허브로 연동시켜 불러올 수 있습니다. 연동시키는 방법은 [Change Name & Avatar] - [Create Avatar] - [Custom GLB]로 모두 동일합니다.

레디 플레이어 미로 만든 아바타를 모질라 허브에서 사용한 모습

2부. 교육적으로 활용이 가능한 메타버스 플랫폼

이번 절에서는 핵위크 아바타 메이커, 3D 그림판, 레디 플레이어 미를 사용하여 세 가지 방법으로 아바타를 제작하고, 그 아바타를 모질라 허브에 연동하는 것에 대해 살펴보았습니다.

모질라 허브에서 기본적으로 제공하는 아바타를 선택하여 메타버스 플랫폼을 손쉽게 즐길 수 있음에도 불구하고, 군이 외부에서 아바타를 제작하여 모질라 허브에 연동하는 방법을 알려드린 이유는 이를 교육적으로 활용할 수 있기 때문입니다.

인터넷 세계에서 아바타는 나를 표현하는 수단입니다. 그래서 사람들은 남들과는 다르고, 차별성을 가진 아바타를 갖고 싶어합니다. 학생들도 마찬가지입니다.

모질라 허브에서 기본적으로 제공하는 아바타 디자인의 부족한 부분은 '핵위크 아바타 메이커'와 '레디 플리이어 미'를 통해 학생들이 자신만의 아바타를 꾸미는 활동으로 보충할 수 있습니다. '3D 그림판'의 경우에는 아바타를 꾸미는 것을 넘어서 새롭게 창작할 수 있는 표현 활동으로 이어질 수 있습니다.

이러한 점을 참고하여 선생님들께서 학생들과 함께 새로운 여러 가지 교육활동을 할 수 있으리라 생각합니다.

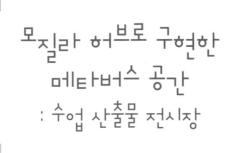

모질라 허브로 구현한 메타버스 공간 : 수업 산출물 전시장

모질라 허브를 활용하는 또 하나의 방법은 메타버스 속 공간을 구현하는 것입니다. 모질라 허브에서 제공하는 템플릿을 그대로 사용할 수도 있고, 공간을 조금 변형하여 이용할 수도 있으며, 새로운 공간을 제작할 수도 있습니다. 새로운 공간을 제작하는 것이 난이도가 조금 더 높기 때문에, 학교 수업용으로 추천하는 방법은 모질라 허브의 템플릿을 조금 변형하는 방법입니다.

모질라 허브에서 메타버스 공간을 구현하기 위해서는 모질라 허브 스포크(https://hubs.mozilla.com/spoke)로 접속해야 합니다. 스포크에서는 공간을 수정, 변형할 수 있도록 여러 회의실, 전시실, 클럽하우스, 학교, 섬 등의 공간 템플릿을 제공합니다. 따라서 원하는 템플릿을 선택만 하면 그 내부 요소들을 자유롭게 추가하거나 수정할 수 있습니다.

여기에서는 모질라 허브 스포크의 '인터넷 화석 박물관(Museum of

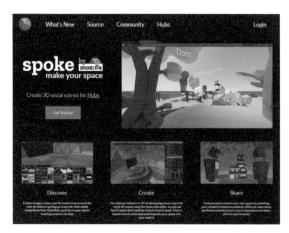

모질라 허브 스포크 메인화면

Fissilized Internet)을 선택하여 3D 공간을 수정·편집하고, 이 공간을 수업 산출물 전시장으로 만드는 방법을 간단하게 알아보겠습니다. '인터넷 화석 박물관'은 미술관 같은 전시 공간의 느낌으로 꾸며져 있으면서 단층으로 이루어져 있어, 공간의 크기가 아주 크지 않습니다. 그래

모질라 허브 스포크 - 인터넷 화석 박물관의 모습(일부)

서 수업 전시장 공간으로 수정하기에 적당합니다.

먼저 이 공간에 전시된 벽면 그림의 오브젝트를 클릭한 다음, 삭제
(delete)합니다.

벽면 그림의 오브젝트를 삭제한 모습

그리고 [My Assets]에서 수업 진행 과정, 학생 작품 사진 같은 내
파일을 업로드(upload)합니다.

업로드한 이미지는 마우스로 드래그하여 전시장의 원하는 위치
에 끌어다 놓고, 적당한 크기로 조정하거나 이미지의 방향을 조정합
니다. 이미지의 위치, 크기, 회전 기능은 왼쪽 상단의 십자가 모양의
[Translate]를 클릭하면 화살표를 직접 움직여 위치를 조정할 수 있습
니다. 또는 오른쪽 하단의 [Properties]에서 직접 X, Y, Z의 위치값을
입력하여 설정할 수 있습니다.

2부. 교육적으로 활용이 가능한 메타버스 플랫폼

내 파일 업로드하기, 업로드한 파일 위치·크기 설정하기

인터넷 화석 박물관(위)에서 수업 산출물 전시장(아래)으로 바뀐 모습

2부. 교육적으로 활용이 가능한 메타버스 플랫폼

모질라 허브 스포크로 구현한 수업 산출물 전시장 공간

이미지를 클릭하면 오른쪽 하단의 [Properties]와 이미지 설정창 [Image]을 동시에 확인할 수 있습니다. 이때 [Image]에서 [Link Href]의 빈칸에 인터넷 주소를 삽입할 수 있는 공란이 있어, 원하는 링크를

이미지에 유튜브 영상 링크를 삽입한 수업 산출물 전시장 룸 안의 모습

삽입하면 해당 이미지를 클릭했을 때 [Open Link]로 연결됩니다. 이 기능은 유튜브, 블로그 등 인터넷 페이지의 주소를 직접 연결해 더 많은 정보를 담고 싶을 때 유용합니다.

한편 모질라 허브 스포크에서는 이미지, 동영상, 링크 삽입 외에도 3D 모델 업로드가 가능합니다. 직접 제작한 3D 모델을 업로드할 수 있고, 스케치팹(Sketchfab)에서 3D를 다운로드받아 업로드할 수도 있습니다.

스케치팹은 사용자가 직접 3D, VR, AR 등의 콘텐츠를 공유하고 판매할 수 있는 플랫폼입니다. 모질라 허브 스포크의 메뉴에 스케치팹의 3D가 연동되어 있으므로 쉽게 원하는 공간에 삽입할 수 있습니다.

모질라 허브 스포크 메뉴 - 스케치팹(Sketchfab) - 3D모델 업로드

2부. 교육적으로 활용이 가능한 메타버스 플랫폼

단, 내가 사용한 3D 모델의 라이선스를 확인할 필요는 있습니다. 메뉴에서 삽입한 스케치팹의 3D를 클릭하면 왼쪽 하단의 정보창에서 3D 모델 주소(Model URL)를 볼 수 있습니다. 주소로 접속해서 내가 사용한 3D 모델의 라이선스를 확인하여 사용하는 것이 좋습니다.

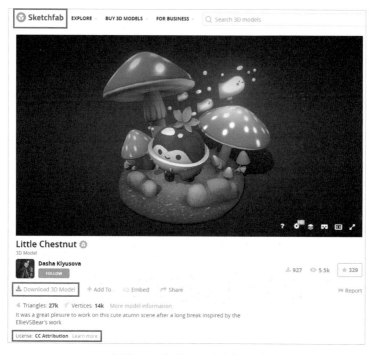

스케치팹 3D 모델 다운로드 및 라이선스 확인

마지막으로 모질라 허브 스포크에서 작업할 때는 시점의 변화와 이동이 마우스와 키보드로 이루어지기 때문에, 조작법을 잘 숙지하는 것이 중요합니다. 마우스 휠로 앞뒤 이동이 가능하고, 마우스 왼쪽 버튼을 클릭하여 내가 보고 있는 장면을 회전시킬 수 있습니다. 좌, 우, 위, 아래로 움직이고 싶을 때는 마우스 오른쪽 버튼을 클릭한 채로 키보드 [A], [D], [W], [S]를 눌러 이동할 수 있습니다.

작업을 마쳤다면 허브에서 열기[Open in Hubs]를 선택하여 모습을 확인하거나, 작업을 저장하여 허브에 게시[Publish to Hubs]할 수 있습니다. 허브에 게시할 때는 내가 작업한 결과물의 리믹싱을 허용할 것인지 말 것인지를 선택해야 합니다.

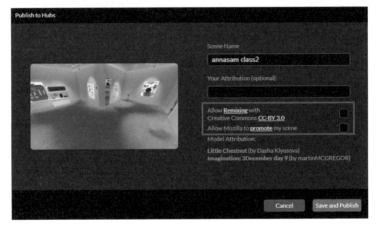

모질라 허브에 게시 - 리믹싱 허용 체크 해제

허브에 게시할 때 리믹싱 허용[Allow Mozilla to promote my scene Model Attribution]에 체크를 하면, 다른 사람이 내가 작업한 공간을 그대로 복사해서 사용할 수 있게끔 오픈됩니다. 만약 다른 사람이 내 공간을 복사해서 사용하길 원하지 않는다면 반드시 체크를 해

2부. 교육적으로 활용이 가능한 메타버스 플랫폼

제하고 저장해야 합니다.

　모질라 허브 스포크에서의 작업은 마우스, 키보드 조작이 익숙해지기까지 시간이 조금 걸리지만, 스포크에서 제공하는 템플릿을 변형하여 메타버스 공간을 구현해낼 수 있다는 것이 장점입니다. 특히 미술 전시실이나 수업 산출물 전시 공간, 또는 학생들의 사진 전시장으로 활용하기에 좋고, 가벼운 회의 공간 또는 메타버스 공간 자체를 함께 꾸미는 용도로 활용이 가능합니다.

　현재 다양한 메타버스 플랫폼이 서비스되고 있지만, 플랫폼들이 갖는 특징과 장단점은 각기 다릅니다. 나는 메타버스를 어떻게 활용하고 싶은지, 나에게 필요한 기능은 무엇인지, 그 기능을 제공하는 플랫폼은 어떤 것인지 등의 정보를 알고 목적에 맞는 플랫폼을 활용할 수 있기를 바랍니다.

5장

원격 화상수업에 지친
교사와 학생을 위한 메타버스
: 게더타운, 젭

게더타운에 들어가기 앞서 정책과 관련하여 미리 안내할 부분이 있습니다. 2021년 10월 21자로 게더타운의 정책이 업데이트되어 만 18세 미만 청소년의 게더타운 사용은 공식적으로 허용되지 않습니다. 하지만 게더타운에 문의한 결과 일부에서 예외적으로 사용할 수 있는 사례가 있다는 답변을 받았습니다. 만약 교사가 13~18세의 학생들과 교육적으로 게더타운을 사용하기를 원한다면 게더타운에 미리 연락을 취해 승인을 받은 다음 사용해야 합니다. 이러한 과정 없이 사용하는 것은 정책에 위배되는 사항이니 반드시 정책에 따라 사용하는 것을 권장합니다.

이처럼 게더타운이 사용 가능 연령을 엄격하게 제한하는 이유는 COPPA(Children's Online Privacy Protection Act)라는 국제규약을 따르고 있기 때문입니다. 현재 게더타운 운영진은 한국 교육현장에서 게더타운에 많은 관심을 보이고 있다는 것을 알고 있습니다. 특히 교육적 활용과 관련하여 한국에서 여러 문의를 받고 있으며, 운영진은 학생들 또한 게더타운을 사용할 수 있도록 하는 방안을 적극적으로 모색하고 있습니다.

게더타운은 지속적으로 업데이트를 진행하고 있으니, 조만간 학생들을 위한 보완 조치가 마련되어 10대 청소년들의 교육적 활용에 대한 제한이 완화되어 우리 학교 현장에서 자유롭게 수업에 활용할 수 있게 될 것을 기대하고 있습니다.

해당 장에서는 게더타운을 학교 현장에서 교육적으로 활용할 수 있다는 전제를 바탕으로 집필하였음을 참고 부탁드립니다.

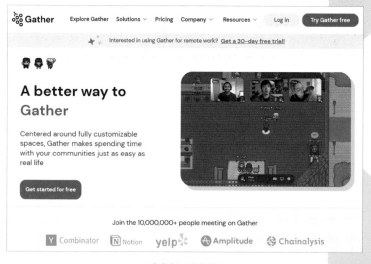

게더타운 웹사이트

게더타운은 기존의 온라인 화상회의 플랫폼에 메타버스 요소가 추가된 서비스입니다. 쉽게 말하면 화상회의를 귀여운 아바타들과 가상의 2D 공간에서 활동하면서 할 수 있다는 것입니다. 처음 서비스를 접하면 마치 게임 공간에 들어온 느낌이 듭니다. 마치 구버전 '바람의 나라'를 보는 것 같습니다.

구버전 '바람의 나라'

어떻게 보면 줌 화상회의 기능에 게임 캐릭터와 배경을 입힌 느낌입니다. 개성이 살아 있는 아바타를 통해 가상의 공간을 돌아다니므로 더 몰입하면서 실제감을 느낄 수 있습니다. 이러한 게더타운의 특징은 가상세계를 좀 더 인간적으로 만들어줍니다.

게더타운에서는 자신만의 공간을 취향에 따라 꾸밀 수 있고, 그 공간 안에서 다양한 활동을 할 수 있습니다. 게더타운 속 활동은 단순한 화상회의 이상의 경험입니다. 우리는 별도의 플러그인이나 프로그램을 설치하지 않고도, 웹 브라우저로 게더타운에 접속하여 안정적으로 가상공간을 제작할 수 있습니다.

단, 아직 휴대폰에서는 게더타운의 모든 기능을 활용할 수 없습니다. PC에서 접속할 때에도 반드시 '크롬(Chrome) 브라우저'를 사용해야 합니다. 약간의 번거로움은 있지만 충분히 감안할 수 있을 만큼 게더타운의 세계는 매력적입니다.

가상 업무공간

게더타운이 가장 많이 활용되는 영역 중 하나는 '가상 업무공간(Virtual Office)'입니다. 코로나19로 인한 사회적 거리두기가 지속되면서, 원격근무를 시도하는 회사들이 생겨났습니다. 원격근무란 직장, 사무실이 아닌 외부의 장소에서 컴퓨터, 통신기기 등을 이용하여 일하는 근무의 형태입니다. 게더타운은 이러한 원격근무의 공간으로서 활용도가 높습니다.

또한 게더타운은 화상회의로 인한 피로감을 경감시켜줄 대안적 공간이

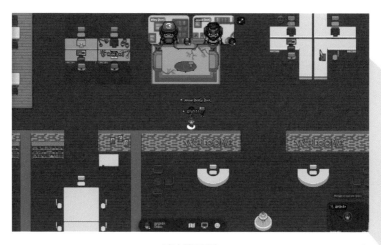

가상 업무공간

될 수 있습니다. 오늘날 많은 사람이 사용하고 있는 화상회의 플랫폼 중 하나가 줌(Zoom)입니다. 줌은 코로나19가 확산되는 시점에서 사람들에게 아주 유용한 플랫폼이었습니다. 많은 사람이 서로 다른 공간에서 얼굴을 보며 회의를 진행하고, 업무를 볼 수 있게 해주는 화상 서비스를 혁신이라고 이야기 했습니다. 그러나 코로나19 팬데믹 사태가 길어지자, 줌과 같은 화상회의에 지속적, 반복적으로 노출되는 사람들이 피로감을 호소하기 시작했습니다. 흔히 '줌 피로(Zoom Fatigue)'라고 불리는 화상회의의 문제점이 드러나기 시작한 것입니다.

사실 우리가 직장에서 근무할 때의 모습을 떠올려 본다면, 화상회의의 피로감이 무엇으로부터 기반하는지 쉽게 감을 잡을 수 있습니다. 우리는 직장에서 근무하는 동안, 많은 경우 자신의 공간 안에서 일을 합니다. 업무시간 내내 다른 사람의 얼굴을 마주하지 않습니다. 하지만 화상회의가 실시되면서, 각자 다른 공간에서 업무를 하고 있음에도 불구하고 카메라를 지속적으로 켜놓아야 하는 상황이 발생했습니다. 누군가가 내 얼굴, 나의 모습을 지속적으로 보고 있다고 생각하면, 우리는 그것에 많은 주의를 기울이게 됩니다. 그리고 이는 쉽게 피로를 느낄 수밖에 없는 긴장감을 유발합니다.

게더타운은 이러한 문제점을 일부 보완할 수 있는 플랫폼입니다. 게더타운 역시 화상 서비스를 제공하지만, 화상만 존재하는 것이 아닙니다. 화상 서비스와 동시에 아바타가 존재합니다.

게더타운에서는 근무 중 사람들끼리 회의를 진행해야 할 때, 화상을 이용하여 팀원들끼리 눈과 얼굴을 마주 보고 대화를 진행할 수 있습니다. 그리고 개인적인 업무를 진행할 때는 화상을 잠시 꺼두고 아바타만을 이용할 수도 있습니다.

화상과 아바타 서비스를 동시에 제공하는 플랫폼은 많지 않습니다. 이 점이 게더타운의 장점 중 하나입니다.

모두가 능동적 참여자가 될 수 있는 공간

사람들은 스스로 무언가를 하지 않고, 일방적으로 다른 사람의 이야기를 듣거나, 타인의 행동을 관찰만 해야 할 때 지루함을 느끼기 쉽습니다. 수동적인 상황에서는 집중도 잘 되지 않습니다.

하지만 게더타운은 모두가 능동적으로 활동할 수 있는 공간입니다. 스스로 아바타를 움직이고, 활동에 참여하는 것이 자유롭습니다. 게더타운의 공간을 잘 활용하면 몰입형 경험을 가능하게 할 수 있습니다.

요즘 유행하는 라이브 스트리밍이나 웨비나(webinar)에서도 게더타운을 활용한 흥미로운 진행이 가능합니다. 게더타운은 사용자의 요구에 맞는

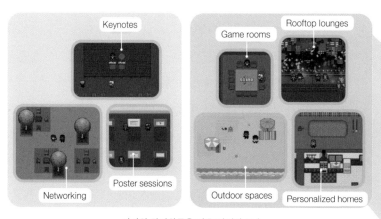

다양한 참여활동을 넣은 회의장 모습

환경 구성이 가능하고, 다양한 활동이 가능하며, 발표자 간 전환이 지연 없이 자연스럽게 이루어지기 때문입니다.

흥미로운 디지털 경험

화상회의 위주로 진행되는 온라인 친목 활동은 자칫 지루해질 수 있습니다. 게더타운은 온라인 친목 활동, 생일파티, 결혼식 등의 행사를 진행할 수 있는 공간으로 활용할 수 있습니다. 흥미로운 디지털 경험을 할 수 있게 해주며, 게더타운 안에서 타인과 편하게 소통할 수 있습니다.

드디어 교육으로

이 책에서 메타버스를 소개하고, 여러 메타버스 플랫폼을 소개하는 이유는 단 하나입니다. 바로 '교육을 위해서'입니다. 게더타운은 교육 활동을 진행하기에 매우 유용한 기능을 가진 플랫폼입니다. 교사는 게더타운을 활용하여 학생들이 가상교실, 가상학교를 체험하게 할 수 있으며, 그 안에서 배움이 일어나게끔 공간을 구현할 수 있습니다.

① 교수·학습을 위한 다양한 상호작용

게더타운에서 학생들은 개방된 공간에서 반 전체를 대상으로 발표를 진행하거나, 4~5명의 소그룹활동을 진행할 수 있습니다. 또한 별도의 공간에서 일대일로 중요한 이야기를 나눌 수도 있습니다. 게더타운은 다양한 상호작용이 가능한 공간을 제공하기 때문에, 교사가 다양한 교수·학습을 계획하는 데 많은 도움이 됩니다.

② 교사를 위한 회의 공간

게더타운에서 구현할 수 있는 공간은 교실, 교무실, 회의실, 야외 등 아주 다양합니다. 즉 교실뿐만 아니라 교무실을 구현할 수도 있고, 교사들의 전문 학습 공동체 활동을 할 수 있는 회의 공간을 구현할 수도 있습니다. 동영상, 이미지, 메모, 화면 공유 등의 다양한 기능을 활용할 수 있는 공간을 만들 수 있기 때문에, 학생과 교사 모두가 유용하게 사용할 수 있는 공간의 창출이 가능합니다.

③ 학습과 이벤트를 동시에 진행할 수 있는 공간

게더타운에 학급을 개설하고, 학급 내에서 다양한 교과 수업을 할 수 있습니다. 또한 동아리 발표회를 열거나, 학급 행사를 진행하고, 개학식·방학식 등의 이벤트를 진행할 수도 있습니다.

게더타운의 각 공간은 포털 기능을 사용해 서로 연결할 수 있기 때문에, 이 기능을 활용하면 학습과 이벤트를 동시에 진행할 수 있는 공간을 구현할 수 있습니다. 이는 학생들의 체험 폭을 확장시킬 수 있는 좋은 경험이 될 것입니다.

모둠활동이 가능한 이벤트 학급 개설하기

이제 게더타운에서 지원하는 템플릿을 통해 모둠활동이 가능한 이벤트 학급을 만들어보도록 하겠습니다.

　게더타운 홈피의 우측 상단에 있는 [Create Space]를 클릭합니다. 그러면 다음 쪽의 그림과 같이 어떤 용도로 사용할 것인지를 선택하는 화면이 나옵니다. 여기서는 교육 목적인 교실을 만들 예정이니 'Explore social experience'를 선택 후 [Select Sapce]를 누릅니다.

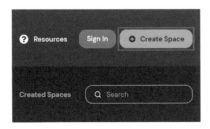

새 학급 만들기

용도 선택 화면

게더타운에서 공간(space)을 구성하기 위해서는 두 가지 방법이 있습니다. 빈 공간에 집을 새로 짓듯이 모든 과정을 혼자 하는 것과 템플릿을 활용하여 쉽게 만든 후 수정하는 방법입니다.

여기서는 템플릿을 활용하여 학급을 만들어보겠습니다.

템플릿 선택하기

게더타운에서는 기본적으로 다양한 템플릿을 제공합니다. 여러 카테고리가 있으니 기회가 될 때, 찬찬히 살펴보실 것을 추천드립니다. 우리는 학급 개설을 위해 [Education] 카테고리로 이동해보겠습니다.

[Education] 카테고리로 이동하면, 총 6개의 템플릿이 보입니다.

2부. 교육적으로 활용이 가능한 메타버스 플랫폼

이 중에서 [Classroom(Small)]을 선택하겠습니다.

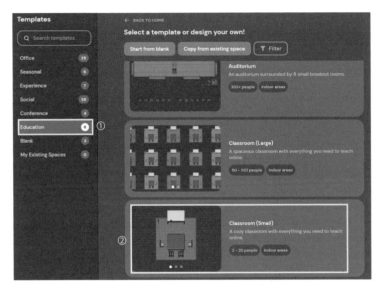

Education 카테고리 - Classroom(small) 선택

그림에 마우스 커서를 올려놓으면 좌우로 옮길 수 있는 화살표가 생기고 원하는 공간의 자세한 모습을 미리 볼 수 있습니다.

공간 미리 보기

이제 [Classroom(Small)]을 클릭하면 오른쪽에 창이 밀려 들어오면서 아래와 같은 화면이 뜹니다.

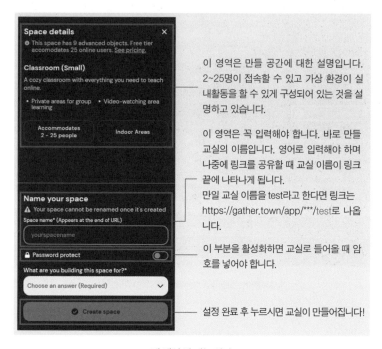

이 영역은 만들 공간에 대한 설명입니다. 2~25명이 접속할 수 있고 가상 환경이 실내활동을 할 수 있게 구성되어 있는 것을 설명하고 있습니다.

이 영역은 꼭 입력해야 합니다. 바로 만들 교실의 이름입니다. 영어로 입력해야 하며 나중에 링크를 공유할 때 교실 이름이 링크 끝에 나타나게 됩니다. 만일 교실 이름을 test라고 한다면 링크는 https://gather.town/app/***/test로 나옵니다.

이 부분을 활성화하면 교실로 들어올 때 암호를 넣어야 합니다.

설정 완료 후 누르시면 교실이 만들어집니다!

맵 생성 시 메뉴 설명

게더타운은 모든 메뉴가 영어로 되어 있습니다. 크롬의 번역기를 활용하면 많은 부분이 한글로 번역되지만 어색한 부분이 많고 오히려 뜻을 알 수 없을 때가 종종 있습니다. 영어로 표시된 부분들이 많이 어렵지 않으니 영어 그대로 사용하는 것이 좋습니다.

이 화면에서 신경 써야 하는 부분은 'Space name'입니다. 한 번 설정하면 변경이 불가능하므로 신중하게 입력해야 합니다. 입력하였다

2부. 교육적으로 활용이 가능한 메타버스 플랫폼

면 맨 아래에 있는 [Create space]를 눌러 새로운 공간을 창출해보도록 하겠습니다.

한 번만 하는 세팅 쉽게 쉽게

이제 위대한 첫걸음을 내딛었습니다. 축하드립니다! 처음 화면을 보면 줌에서 봤던 익숙한 화면이 보일 것입니다. 차이점은 왼쪽에 캐릭터가 있다는 것입니다. 기존에 선택한 것을 그대로 활용해도 되고 [Edit Character] 버튼을 선택해서 수정해도 됩니다.

처음 접속하면 크롬에서 마이크와 카메라 접근 권한 요청 허용 여부 팝업이 나타납니다. 이때 두 번 모두 허용 버튼을 클릭하면, 오른쪽 화면에 자신의 얼굴이 나오는 것을 확인할 수 있습니다.

크롬 권한 요청 팝업

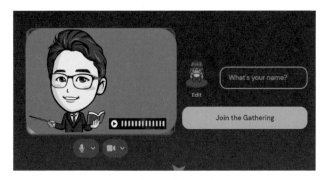

마이크와 카메라 설정 완료 화면

화면에 자신의 모습이 보이고, 영상 아래 사운드바가 표시되고, 마이크에 말을 했을 때, 그 바가 반응을 보인다면 세팅이 잘된 것입니다. 만일 정상적으로 작동이 안 된다면 'Ⅴ'를 클릭하여 다른 디바이스를 선택하여 다시 테스트합니다.

정상적으로 마이크, 카메라가 작동되는 것을 확인했다면, 이제 [Join the Gathering] 버튼을 눌러서 이동해보겠습니다.

게더타운 튜토리얼

마치 게임 화면 같은 튜토리얼 화면을 볼 수 있습니다. 튜토리얼에서 기능을 익히기 위해 제공하는 간단한 3가지 미션을 수행해보세요. 튜토리얼을 마치면 드디어 게더타운의 세계로 입장할 수 있습니다.

교실 둘러보기

튜토리얼을 마치고 나면 다음과 같이 내가 선택한 교실(classroom) 템플릿 화면을 볼 수 있습니다.

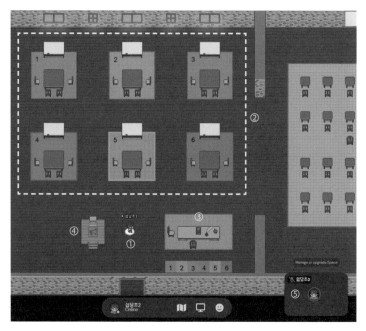

교실(Classroom) 템플릿 화면

① 캐릭터

- 캐릭터 등장 위치는 수정 가능

② 6개의 모둠

- 모둠활동을 할 수 있는 6개의 모둠 공간이 존재

③ 상담실로 활용할 수 있는 공간

- 교사와 학생이 상담실로 활용할 수 있는 공간

④ 연단

- 방 전체에 들릴 수 있는 마이크가 설치된 공간

⑤ 마이크와 카메라 설정

- 윈도우(Window OS) 단축키: 'Ctrl+p'

- 맥(Mac OS) 단축키: '⌘+p' 버튼

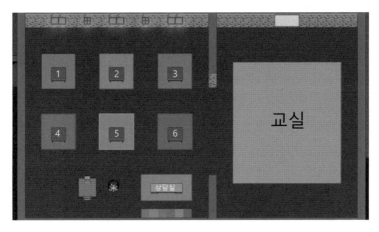

교실(Classroom) 미니맵

교실에서 할 수 있는 모둠활동 수업

교실 템플릿을 활용해 학생들과 모둠활동 수업을 할 수 있습니다.

교실 미니맵 이미지를 살펴보면 번호가 1~6번까지 입력된 작은 네모 박스들이 보입니다. 이 공간은 모둠활동을 할 수 있는 공간입니다.

각각의 네모 박스 공간은 범위가 지정된 '분리된 공간'입니다. 지정된 범위 안에 있는 사람들끼리만 대화할 수 있는 공간입니다. 예를 들어 내 아바타가 숫자 '1번이라고 쓰인 공간 안'으로 이동하면, 그 공간 안에 있는 사람들끼리만 대화를 할 수 있으며, 공간 밖에 있는 사람들은 내부의 대화를 들을 수 없습니다.

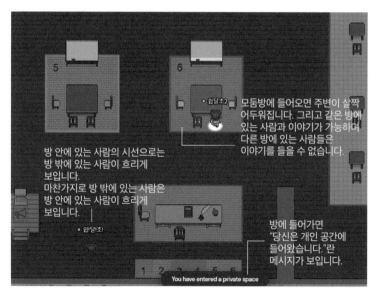

전체 교실 장면

같은 공간에서는 이렇게 서로가 잘 보이고
화상회의를 통한 모둠활동을 할 수 있습니다.

모둠활동 장면

이 기능은 매우 유용합니다. 다른 모둠의 대화 소리, 활동에 방해
받지 않고, 같은 모둠원끼리 분리된 공간에서 모둠활동을 진행할 수
있습니다. 학생들의 집중도를 높일 수 있는 환경을 만들어줄 수 있습
니다.

한편 교실 템플릿의 모둠방에는 '화이트보드' 오브젝트가 설치되어
있습니다. 하얀색 칠판 모양의 화이트보드에 가까이 가면 다음과 같은
메시지가 뜹니다.

"Press X to use shared whiteboard(키보드 자판 'X'를 눌러서 공유된
화이트보드를 사용하세요)."

이 메시지는 게더타운에서 제공하는 '상호작용이 가능한 모든 오
브젝트'에 공통적으로 입력된 메시지입니다. 키보드 자판의 'X'를 누

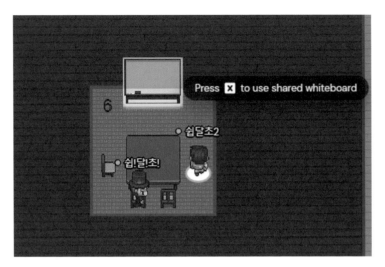

교실(Classroom) 모둠활동 화이트보드

르면 해당 오브젝트가 자동으로 실행됩니다. 게더타운에서는 이 'X'가 매우 중요하므로 기억해두는 것이 좋습니다.

게더타운에서 상호작용이 가능한 오브젝트는 각기 다른 기능들과 연동되어 있습니다. 오브젝트 근처로 아바타를 이동시키면 해당 오브젝트가 노란색으로 활성화됩니다.

그때 키보드 자판 'X'를 누르면, 연동된 기능을 사용할 수 있습니다. 예를 들어 모둠활동 공간에서 볼 수 있는 화이트보드는 이레이저(Eraser)와 연동되어 있습니다.

이레이저 보드는 동시에 여러 명이 하나의 보드를 공유하기 때문에 협업하여 특정 활동을 수행하거나, 모둠별 회의를 하고, 자료를 수집하고 정리할 때 유용합니다.

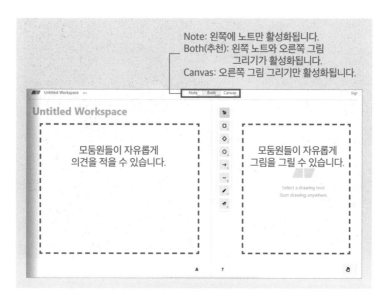

화이트보드_ Eraser와 연동

모둠활동 수업 시 알아두면 좋은 기능

모둠활동을 할 수 있는 분리된 공간에 학생들이 모여 있을 때, 교사는 어떤 방식으로 순회지도를 할 수 있을까요? 일반적으로 교실 환경에서는 교사가 직접 두 발로 걸어 다니면서, 학생들이 모여 있는 곳으로 이동합니다.

게더타운에서는 두 가지 방법을 다 사용할 수 있습니다. 교사의 아바타로 학생들이 모여 있는 공간으로 이동하는 방법, 그리고 모니터링을 할 수 있는 공간을 지정하여 활용하는 것입니다.

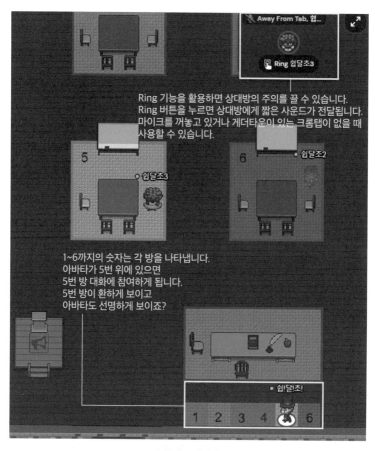

Ring 기능을 활용하면 상대방의 주의를 끌 수 있습니다.
Ring 버튼을 누르면 상대방에게 짧은 사운드가 전달됩니다.
마이크를 꺼놓고 있거나 게더타운이 있는 크롬탭이 없을 때
사용할 수 있습니다.

1~6까지의 숫자는 각 방을 나타냅니다.
아바타가 5번 위에 있으면
5번 방 대화에 참여하게 됩니다.
5번 방이 환하게 보이고
아바타도 선명하게 보이죠?

모둠방 모니터링

모둠방 모니터링 공간을 지정하면 직접 아바타를 움직이지 않고
도, 학생들의 모둠활동 모습을 지켜보거나 지도할 수 있습니다.

모둠방을 모니터링하는 방법은 간단합니다. 게더타운에서 제공하
는 교실 템플릿에는 이미 모둠방을 모니터링할 수 있는 공간이 지정되

어 있습니다.

본문 233쪽 그림의 하단에 1, 2, 3, 4, 5, 6이라는 숫자가 적혀 있는 칸이 있습니다. 이 숫자가 적힌 공간에는 각 모둠방과 동일한 값이 지정되어 있습니다. 그렇기 때문에 교사가 1번 모둠방으로 아바타를 직접 움직이지 않고도, 숫자 '1'이라고 적힌 위치로 이동하면, 1번 모둠방에서 학생들이 활동하는 모습을 볼 수 있고 대화에 참여할 수 있습니다. 이런 방식으로 원하는 방의 모니터링을 쉽게 할 수 있습니다.

더하여, 알아두면 좋을 또 다른 기능이 있습니다. 모둠활동을 하고

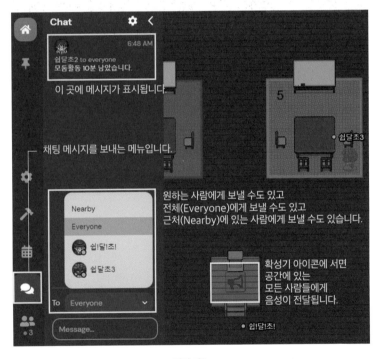

채팅 기능

2부. 교육적으로 활용이 가능한 메타버스 플랫폼

있는 학생에게 음성이나 메시지를 전달하고 싶을 때 사용하는 '확성기'
와 '채팅' 기능 입니다.

교사가 모둠활동을 진행하고 있는 학생들에게 음성이나 메시지를
보낼 수 있는 방법은 '연단(확성기: 스피커 모양의 단상)'을 활용하거나 채팅
메시지를 직접 입력하는 것입니다. 아바타가 '연단' 위에 올라가면, 교
실에 있는 모든 사람에게 음성을 송출할 수 있습니다. 만약 교사가 모
둠활동을 중단시키고 싶다면, 연단 위에 올라가서 음성으로 활동을 중
단시키고, 교사가 전달하는 메시지에 귀 기울이도록 할 수 있습니다.

만약 특정인에게 수업과 관련된 개별적 메시지를 주고 싶다면 채
팅 메시지를 사용할 수 있습니다. 메시지는 반 전체를 대상으로 보낼
수도 있고, 특정 학생을 지정하여 보낼 수도 있습니다.

게더타운의 맵메이커(mapmaker)를 활용하면 기본 템플릿인 '교실 (Classroom)' 환경을 수정할 수 있습니다. 다음 그림은 기본 템플릿 '교

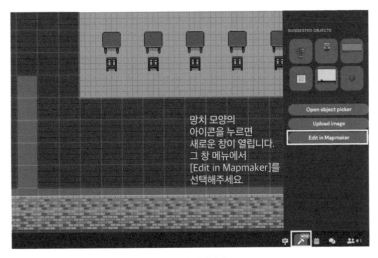

망치 모양의
아이콘을 누르면
새로운 창이 열립니다.
그 창 메뉴에서
[Edit in Mapmaker]를
선택해주세요.

맵메이커 실행하기

2부. 교육적으로 활용이 가능한 메타버스 플랫폼

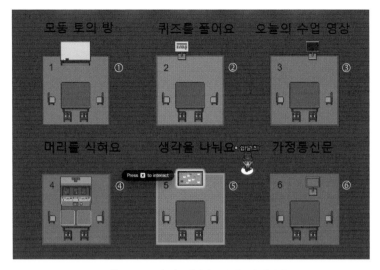

교실(Classroom) 템플릿에서 오브젝트 수정하기

실'에서 사용된 '화이트보드'를 다른 오브젝트들로 변경한 모습입니다.

먼저 교실 템플릿에 기본 설정된 6개 모둠의 오브젝트는 다음과 같은 오브젝트로 변경할 수 있습니다.

① 모둠 토의 공간: [White board] 오브젝트

- 이레이저 보드(Eraser board)로 연동

② 퀴즈 공간: [Bulletin note] 오브젝트

- 카훗(Kahoot)으로 연동

③ 수업 영상 시청 공간: [Bulletin video] 오브젝트

- 유튜브와 연동

④ 게임 공간: [Battle Tetris] 오브젝트

- 게더타운 자체 미니 게임과 연동

- 머리를 식힐 수 있는 휴식 공간

⑤ 다양한 의견 표출의 공간: [Bulletin Board] 오브젝트

- 패들릿 연동

⑥ 알림장 공간: [Bulletin image] 오브젝트

- 이미지 파일 업로드

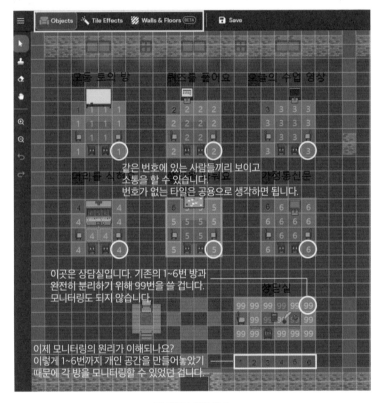

맵메이커 실행 모습

맵메이커를 실행하면 보이는 여러 숫자는 개인공간(Private Area)을 나타냅니다. 개인공간은 '분리된 공간'입니다. 같은 숫자 타일에 있는 사람들만이 분리된 공간에서 소통할 수 있습니다. 즉 1번 타일로 지정된 범위에 있는 사람들끼리 소통할 수 있도록 공간을 분리하는 것입니다. 만약 기본으로 설정된 6개의 모둠을 4개로 줄이고, 각 모둠의 크기를 키우고 싶다면, 타일의 숫자를 지정해서 개인공간을 확장시키면 됩니다.

참고로 격자무늬로 된 부분을 '타일'이라고 합니다. 타일 1개의 크기는 32픽셀이며, 템플릿 전체 크기는 1344×832 픽셀입니다. 이 크기를 알아두면 템플릿을 수정할 때 크기를 가늠하기에 좋습니다.

이번에는 맵메이커의 메뉴와 기능을 하나씩 살펴보겠습니다.

오브젝트

왼쪽 상단에 위치한 [Objects] - [More Objects]를 누르면, 창 오른쪽에 다양한 모양의 오브젝트(Objects)를 불러올 수 있습니다.

화면에 보이는 이 오브젝트들은 모두 교실 공간 안에 배치할 수 있습니다. 게더타운에서는 다양한 오브젝트들을 제공하기 때문에 각종 활동이나 계절에 맞춰 자신의 교실을 원하는 대로 꾸밀 수 있습니다. 여러 오브젝트 중 [Presentation]은 그림, 영상을 보여주거나 텍스트를 제시할 때 활용 가능한 오브젝트입니다. 이 오브젝트를 활용하여

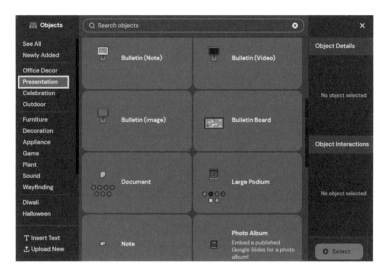

오브젝트 선택 화면

학생들에게 전달하고 싶은 수업의 내용을 담을 수 있습니다.

오브젝트에 영상 삽입하기

온라인 수업에서는 영상이 많이 활용됩니다. 학생들에게 수업과 관련된 참고 영상을 보여주고 싶다면, 오브젝트에 해당 영상의 주소를 입력하여 삽입할 수 있습니다. 오브젝트에 영상을 삽입하는 방법은 다음과 같습니다.

　① 오브젝트 [Bulletin(Video)] 클릭

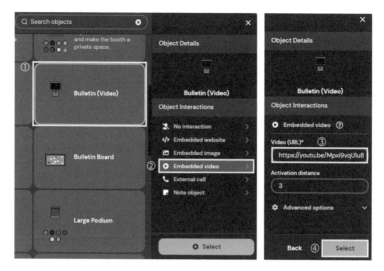

오브젝트에 영상 삽입하기

② [Object Interactions] 선택

③ [Embedded video](비디오 삽입하기): [Video] (URL) 수업에 활용

하고자 하는 영상 주소(URL) 입력하기

④ [Select] 클릭(저장)

이렇게 오브젝트에 영상 주소를 입력하여 저장한 다음, 해당 오브
젝트를 원하는 위치에 드래그하여 가져다 놓습니다. 오브젝트에 제대
로 영상이 삽입되었는지 확인하기 위해 [save] 버튼을 누른 다음, 교실
로 돌아갑니다. 비디오 오브젝트에서 'X' 버튼이 활성화되고 해당 링
크의 영상이 실행되면 제대로 삽입된 것입니다.

오브젝트에 이미지 삽입하기

오브젝트에 영상 외에도 이미지를 삽입할 수 있습니다. 오브젝트에 이미지를 삽입함으로써 교사는 학생들이 수업시간에 배울 그림을 미리 게시하거나, 가정통신문 내용을 게시하는 용도 등으로 다양하게 활용할 수 있습니다.

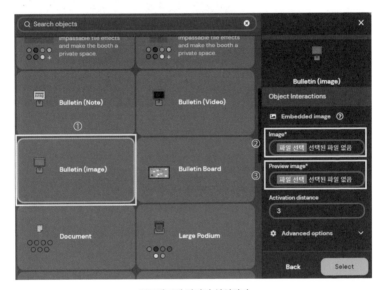

오브젝트에 이미지 삽입하기

① 오브젝트 [Bulletin (image)] 클릭

② [image] 선택: 보이고 싶은 이미지 파일 업로드

③ [preview image]: 미리보기 그림 파일 업로드

2부. 교육적으로 활용이 가능한 메타버스 플랫폼

오브젝트에 패들렛 연동시키기

게더타운에서 화이트보드에 기본적으로 연동되어 있는 것은 이레이저 보드(eraser board)입니다. 화이트 보드는 선택만 하고 링크는 따로 걸지 않아도 이미 걸려 있답니다.

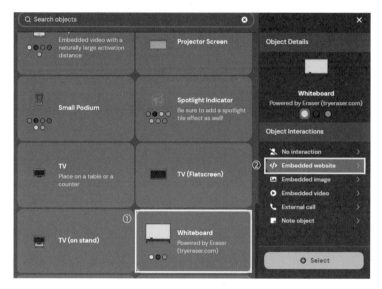

Whiteboard 삽입하기

① 오브젝트 [Whiteboard] 클릭

② [Embedded website] 선택 후 [Select] 클릭

게더타운의 오브젝트에는 이레이저 보드 외에 '패들렛'도 연동시킬

수 있습니다. 패들렛은 학생들의 생각과 의견을 모으는 데 유용합니다. 게더타운의 오브젝트에 연동시켜 사용하기에 좋습니다.

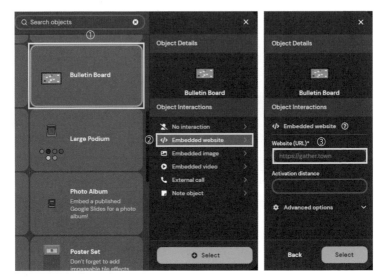

웹사이트 삽입하기(패들렛)

① 오브젝트 [Bulletin Board] 클릭

② [Embedded website] 선택

③ 주소(URL) 입력 후 [Select] 클릭

2부. 교육적으로 활용이 가능한 메타버스 플랫폼

오브젝트에 카훗 연동시키기

카훗(Kahoot)은 온라인 퀴즈를 게임처럼 풀 수 있는 기능을 제공하는 웹사이트입니다. 이 카훗 역시 패들렛처럼 게더타운의 오브젝트에 연동시킬 수 있습니다.

카훗을 연동시킬 때는 게더타운에서 제공하는 여러 오브젝트 중 '상호작용'이 가능한 오브젝트를 선택하고, [Embedded website]에 카훗 주소 링크를 입력하면 됩니다. 단 게더타운에서 카훗을 활용할 때는 전체 학생이 동시에 참여할 수 없습니다. 학생이 개별적으로 퀴

카훗_온라인 퀴즈

즈를 풀고, 그 결과를 확인하는 활동은 가능합니다.

미니 게임 오브젝트

게임활동은 학생들이 수업시간에 가장 좋아하는 활동 중 하나입니다. 게더타운에서는 기본적으로 제공하는 미니 게임 오브젝트들이 존재합니다. 교실에 미니 게임 오브젝트를 배치하고 싶다면, 게임 기능이 포함된 오브젝트를 선택하여 배치하면 됩니다. 오브젝트 중에는 모양만 게임기인 오브젝트가 있고, 실제 미니 게임 기능이 포함된 오브젝트가 있기 때문에 구별해 사용해야 합니다. 미니 게임으로는 피아노, 스도쿠, 테트리스 등이 있으니, 원하는 게임 오브젝트를 선택해 배치하면 됩니다.

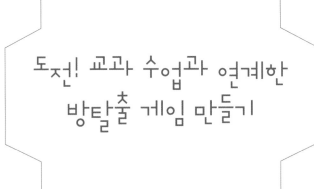

도전! 교과 수업과 연계한
방탈출 게임 만들기

게더타운은 여러 오프젝트와 기능을 제공하지만, 교육적 목적으로 만들어진 플랫폼이 아니기 때문에, 학교 현장에서 활용할 만한 오브젝트와 기능이 많지는 않습니다. 그러다 보니 게더타운에서 제공하는 템플릿만을 이용하여 학교 수업을 진행할 때 패들렛, 구글 문서 등에 링크를 걸어 수업을 진행하는 경우가 일반적입니다. 이러한 한계를 극복하는 방법으로, 이번 절에서는 게더타운에서 제공하는 '오브젝트'와 '오브젝트의 상호작용'을 응용한 방탈출 게임을 만들어보겠습니다.

베타 오브젝트인 Password Door를 응용하여 한국 게더타운 공식 카페인 '코게더(https://cafe.naver.com/gathertown)'에서 방탈출 콘텐츠를 제작하고 오픈한 적이 있습니다. 코게더의 방탈출 콘텐츠는 적절한 난이도와 신선함으로 사람들에게 긍정적인 반응을 얻었습니다. 이후 '방탈출' 맵이 게더타운 홈페이지에 공식적으로 탑재되며, 전 세계인이 체험할 수 있는 장이 되었습니다. 이러한 방탈출 맵을 활용한다면 줌, 패들렛, 구글문서 등으로 진행되어왔던 학교 협업 수업을 넘어 새로운 공간을 만들 수 있습니다. 이번 절에서는 학생들이 학습한 내용을 확인하거나, 앞으로 학습할 내용을 공부하는 과정에서 활용할 수 있는 학습용 방탈출 게임을 만들어보면 어떨까요?

주제 정하기

방탈출 맵을 제작하기 전에 우선 교과목과 주제를 결정해야 합니다. 학습을 위한 특정 교과를 선택할 수도 있고, 다양한 교과를 융합하여 구성하는 것도 가능합니다. 또는 독도, 한국전쟁 등의 계기 교육을 주제로 한 주제 중심 수업도 기획할 수 있습니다.

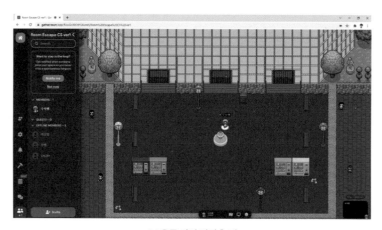

3·1운동 관련 방탈출 맵

사례로 보여드릴 방탈출은 한국사 부분 중 '3·1운동'을 주제로 한 방탈출 맵입니다. 이 '3·1운동 방탈출'은 Tiled 프로그램을 활용하여 전체 맵을 제작하였고, 그 뒤에 게더타운에 업로드하여 세부 오브젝트들을 삽입하는 방식으로 진행하였습니다.

스토리보드 만들기

주제를 정한 다음 할 일은 스토리보드를 만드는 일입니다. 스토리보드는 간단합니다. 어떤 방향으로 이야기를 풀어갈지, 수업 내용 중 어떤 것을 담을지를 정하면 됩니다. 다만 나중에 맵을 만들 때 사용할 수 있는 테마가 한정적이므로 맵을 미리 살펴보고 테마를 구성하면 좋습니다.

사례에서는 3·1운동에 대해 전체적으로 알 수 있도록 '3·1운동 역사박물관' 테마를 잡고, 박물관 입구부터 끝 지점까지 학생이 문제를 풀면서 각 문을 통과하게끔 구성하였습니다.

스토리보드는 그림으로 비유하면 스케치와 같습니다. 본문 250쪽 사진은 '3·1운동' 맵 제작 단계의 스토리보드입니다.

스토리보드 단계에서는 사진과 같이 시작 지점과 힌트, 미로를 구상하였으나, 최종 완성 맵에서는 일부 변형이 있었습니다. 스토리보드는 스케치이므로 실제 제작 단계에서 얼마든지 수정 가능합니다. 맵을 제작하는 도중에도 스토리보드 단계에서 계획했던 동선이나 문제, 오

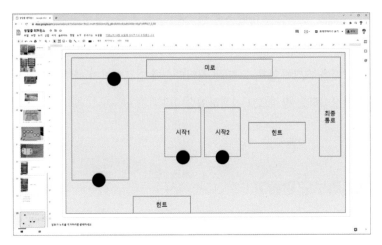

스토리보드 만들기

브젝트, 테마를 고려하여 더 나은 방향으로 변형할 수 있습니다. 그러니 전체 맵의 방향을 설정한다는 느낌으로 접근해도 좋습니다.

문제 만들기

스토리보드를 만들었다면 이제 방탈출에 쓰일 문제를 만들어야 합니다. 스토리보드를 쓰면서 교사가 문제를 직접 만들어도 되고, 포털 사이트 검색을 통해 기존 문제들을 활용해도 됩니다.

'3·1운동' 맵을 제작할 때는 TV예능프로그램인 〈문제적 남자〉, 〈대탈출〉 등에서 사용되었던 문제들을 수집하여 사용했습니다. 교사가 직접 제작한 것이 아닌 포털 사이트 검색을 통해 수집한 문제를 사용할 때는 반드시 점검이 필요합니다.

문제가 주제와 스토리보드의 내용과 부합하는지, 학생 수준에 적절한 난이도인지 등을 고려하여 점검한 다음, 필요에 따라 문제를 선택하고 적절히 변형합니다. '3·1운동' 방탈출 맵을 기획할 때 사용한 문제는 4~5개로, 수업에 적용했을 때 적절하다고 생각되는 개수를 선택했습니다.

교사가 점검하여 변형한 문제는 오브젝트에 삽입할 수 있습니다. 오브젝트에 문제를 삽입할 때는 jpg나 png 같은 이미지 파일을 업로드하는 방법을 사용합니다. 이미지 파일로 문제를 제작하거나 변형할 때는 포토샵 등의 이미지 편집 프로그램을 사용하거나, 종이에 문제를 직접 쓴 다음 휴대폰 카메라로 촬영하여 해당 사진을 이미지로 삽입할 수 있습니다.

또한 문제를 만들어 맵을 구성할 때는 적절한 오브젝트를 선택한

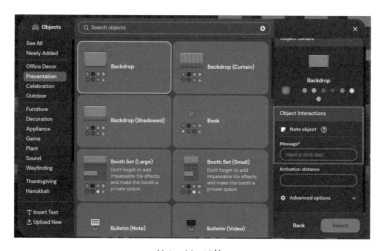

Note object 기능

뒤 노트 오브젝트(Note object) 기능을 사용하여 학생이 문제를 풀기 위한 단서들을 추가하는 것이 좋습니다.

'3·1운동' 사례에서는 Password Door에 숫자와 관련된 암호를 만들기 위해 민족대표 33인의 내용을 선정했고, 다양한 문제 중 시계 각도와 관련된 문제를 찾아 재구성하였습니다.

문제 만들기(시계 각도 이용)

맵 만들기

문제를 완성했다면, 이제 맵을 만들어야 합니다. 게더타운 기본 템플릿을 사용하거나 맵메이커(mapmaker)를 이용해 직접 제작할 수 있습니다. 게더타운에서 제공하는 템플릿, 맵메이커 외에 맵을 제작할 수 있는 방법으로는 Tiled라는 프로그램이 있는데 다음 절에서 자세히 다

2부. 교육적으로 활용이 가능한 메타버스 플랫폼

루겠습니다.

방탈출 맵에서는 자물쇠를 풀어야 합니다. 이때 사용하는 것이 [Password Door] 오브젝트입니다. 비밀번호를 입력하기 위해 사용하는 [Password Door] 오브젝트는 아직 베타버전이라 오류가 종종 발생할 수 있습니다. 따라서 [Password Door]는 맵을 전부 완성한 다음 마지막 순서에 삽입하면 오류를 최소화할 수 있습니다. [Password Door]의 설명 부분과 암호는 직접 맵에 들어간 뒤 [Edit] 버튼을 눌러 수정해야 합니다.

비밀번호 입력하기

비밀번호 편집하기

한 가지 주의할 점은 맵메이커에서 맵을 수정할 때 종종 발생하는 [Password Door] 초기화 오류입니다. 오류를 줄이기 위해서는 맵 메이커에서 맵을 수정할 때 [Password Door] 오브젝트를 삭제한 뒤 새로 추가하여 설정하면 좋습니다. 완벽하지 않으나 현재로서는 오류를 줄일 수 있는 좋은 방법입니다.

'3·1운동' 맵에서는 실제 방탈출과 비슷한 느낌을 주기 위해 최종 지점에 화이트보드 오브젝트를 세워놓고 패들렛과 연동했습니다. 이 화이트보드 오브젝트는 방탈출에 성공한 학생이 화면을 캡처하여 패들렛에 업로드하거나 학습 후기를 남기는 데 활용됩니다.

패들렛으로 후기 남기기

2부. 교육적으로 활용이 가능한 메타버스 플랫폼

테스트하기

방탈출 맵의 완성도를 높이기 위해서는 반드시 테스트가 필요합니다. 맵을 설계·제작한 당사자보다는 제3자가 하는 것을 추천합니다. 테스트 단계는 맵의 오류를 발견하거나 미흡한 부분을 찾는 등 내가 제작한 맵을 점검할 좋은 기회입니다.

테스트 단계에서 오류를 찾아 맵을 수정했다면, 앞서 언급한 것처럼 [Password Door] 오브젝트를 삭제하고 재삽입하는 것이 좋습니다.

테스트 단계를 거쳐 최종 맵이 완성되었다면 학생들에게 방탈출 맵 링크를 보내 신선하고 재미있는 수업을 해보세요.

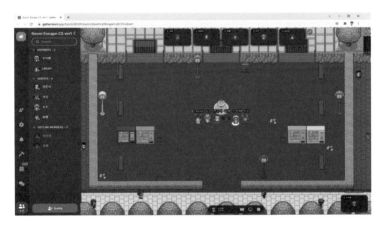

방탈출 테스트하기

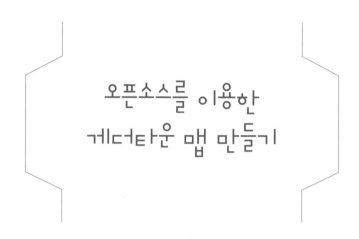

오픈소스를 이용한
게더타운 맵 만들기

게더타운에서 원하는 공간(space)을 생성할 때는 기본으로 제공하는 템플릿과 맵메이커에서 제공하는 다양한 오브젝트, 벽, 바닥 등을 활용하여 공간을 만드는 경우가 일반적입니다. 하지만 가끔은 게더타운에서 제공하는 맵과 다른 테마의 맵을 만들고 싶기도 합니다.

게더타운과 스타일이 가장 비슷한 게임을 이야기한다면 무엇이 떠오르나요? 앞서 언급한 '바람의 나라' 혹은 '포켓몬스터' 게임이 아닐까 싶습니다. 포켓몬스터는 픽셀 형식의 아기자기하고 귀여운 캐릭터들이 등장하는 게임으로 국내외를 막론하고 마니아층이 두텁습니다. 그래서 해외 사이트에서는 포켓몬스터 게임을 자신만의 방식으로 리메이크하여 배포하는 경우가 종종 있습니다.

이 오픈소스를 활용하여 게더타운 맵을 제작할 수 있습니다. 오픈소스에는 해외 유저가 직접 디자인하여 배포하는 소스들이 존재합니

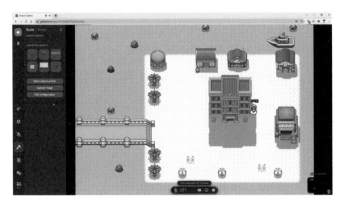

포켓몬스터 맵 사용 모습

다. 라이선스를 확인한 뒤 오픈소스의 사용 목적이 라이선스에 위배되지 않는다면 자유로이 사용할 수 있습니다.

하지만 해외 사이트에서 소스를 다운로드하기 전에 꼼꼼히 살펴볼 부분이 있습니다. 간혹 해외 유저들이 리메이크한 게임을 배포하면서 소스를 풀어놓는 경우가 있는데, 그 게임을 리메이크하는 것 자체가 저작권 침해인 경우가 대부분입니다. 따라서 여기에 딸려오는 소스들 또한 게임 제작사에서 인정하지 않는 저작권 침해의 소지가 있는 소스들입니다. 이를 유저들이 아무렇지 않게 배포하는 경우가 많습니다. 이렇게 배포되는 소스를 사용하면 저작권 침해에 해당되므로 사용 전에 출처와 라이선스를 반드시 확인해야 합니다.

이번 절에서는 앞서 보여드린 오픈소스를 활용하여 게더타운 맵을 제작할 것입니다. 해외에서 무료로 배포하는 오픈소스와 'Tiled'라는 프로그램을 사용하여 맵을 제작하는 방법은 다음과 같습니다.

오픈소스 찾기

맵을 만들기 위한 오픈소스를 다운로드를 위해 웹브라우저로 'https://itch.io/game-assets'에 접속합니다. 오픈 소스 사이트에 접속하면 다음과 같은 화면이 보입니다.

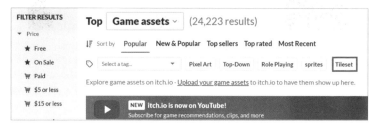

오픈소스 사이트 모습

화면 중앙 상단 부근에 정렬 메뉴가 보이는데, 그 밑에 있는 tag에서 Tileset를 선택합니다. 만일 없다면 'Select a tag…'에서 검색합니다. 그리고 Price는 Free를 선택합니다. 그러면 맵을 제작할 수 있는 Tileset와 무료 소스가 정렬됩니다. 이때 중요한 것은 각 섬네일 밑의 설명을 확인하여, 픽셀 사이즈를 확인하는 것입니다. 우리가 제작하는 게더타운은 가로세로 픽셀 사이즈가 32×32픽셀(px)입니다. 따라서 섬네일 아래의 설명을 확인하여 32×32픽셀로 지정된 오픈소스를 찾아야 합니다.

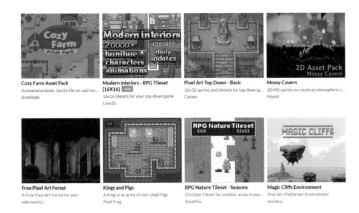

검색된 소스 화면

　마음에 드는 Tileset을 찾았다면 섬네일이나 타이틀을 클릭하여 세부 설명 및 다운로드 창으로 이동합니다. [Download] 버튼을 찾아 클릭하면 다음과 같은 팝업창이 나옵니다.

결제 및 다운로드 팝업창(일부)

팝업창의 'Included files'를 보시면 파일이 두 개 있습니다. 무료 버전과 유료 버전입니다. $1.20를 지불하고 유료 버전을 구입하면 더 다양한 Tileset을 사용할 수 있으나, 무료 버전으로도 충분히 좋은 맵을 제작할 수 있습니다. 우선 무료 버전을 사용해본 뒤에 괜찮다면 유료 버전을 구입하는 것을 추천합니다. 그리고 $3.00는 일종의 후원 또는 팁 문화라고 생각하면 됩니다. 후원을 원한다면 하단의 페이팔로 후원할 수 있습니다.

우선 우리는 무료인 Tileset을 사용할 것이기 때문에 'No tanks, just take me to the downloads'를 클릭합니다.

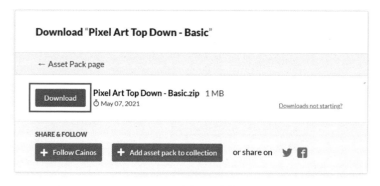

Tileset 다운로드 화면

해당 문구를 클릭하면 새로운 팝업창이 나오는데 여기서 빨간색 다운로드 [Download] 버튼을 클릭하면 Tileset 압축 파일을 다운로드 받게 됩니다. 작업할 폴더에 압축을 풀어 준비하도록 합니다.

Tiled 설치하기

이번에는 앞서 다운로드받았던 Tileset을 사용하는 프로그램인 'Tiled'를 다운로드해보겠습니다. Tiled를 다운로드하기 위해서는 크롬 등의 웹브라우저를 이용하여 'https://www.mapeditor.org'에 접속합니다.

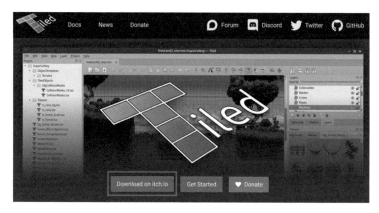

Tiled 사이트

홈페이지에 접속했다면, [Download on itch.io]라고 쓰인 초록색 버튼을 클릭합니다. 그러면 다른 페이지로 이동합니다. 거기서 스크롤을 아래로 내리면 [Download Now] 버튼을 발견할 수 있습니다. 클릭해 컴퓨터에 Tiled 프로그램을 다운로드받고 설치하도록 합니다.

Tiled 기초 사용법 익히기

지금부터는 Tiled 프로그램에서 맵을 만들어 이미지화한 다음, 게더
타운 맵으로 업로드하는 방법을 순차적으로 설명하겠습니다. 따라서
Tiled 프로그램의 다양한 기능 중 게더타운 맵 제작에 필요한 부분들
만 설명하겠습니다.

　우선 Tiled를 설치하면 바탕화면에 테트리스 모양의 아이콘이 생
성됩니다. 이 프로그램을 실행하면 다음과 같은 화면이 나옵니다.

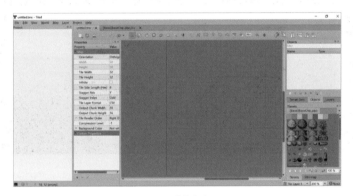

Tiled 실행화면

　새로운 맵을 생성하기 위해 좌측 상단에 있는 메뉴 [File]을 클릭
한 뒤 [New]에 들어가서 [New Map]을 클릭합니다. 또는 키보드에서
'Ctrl+N'을 누릅니다.

　[New Map]를 클릭하면 다음과 같은 설정 메뉴가 나오는데, 여기
서 'Map size'와 'Tile size'만 보면 됩니다.

2부. 교육적으로 활용이 가능한 메타버스 플랫폼

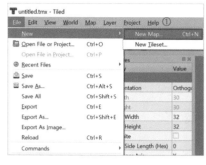

New Map 생성하기

New Map 설정하기

앞서 언급한 것처럼 게더타운의 타일 1개 사이즈는 기본적으로 32 ×32픽셀이므로 Tile size에서 Width, Height를 모두 32px로 설정합니다. 그리고 Map size는 32픽셀짜리 타일의 가로세로 개수를 설정하는 부분입니다.

우선 Width, Height 모두 30 tiles로 설정하겠습니다. 설정한 뒤 [Save As]를 클릭하면 다음과 같이 저장하는 창이 나옵니다. 적당한 이름으로 바꾸고 저장합니다.

파일 저장하기

Tiled 프로그램 우측 하단에 보면 [New Tileset]이 있습니다. 이를 클릭하면 팝업창이 하나 나오는데 여기서 Source 메뉴 옆 [Browse]를 클릭합니다.

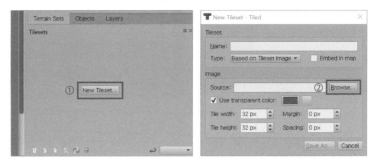

New Tileset 버튼   New Tileset 메뉴

앞서 오픈소스 사이트에서 다운로드받아 압축을 풀어놓았던 파일 경로로 찾아간 뒤 타일셋 이미지 파일을 엽니다. 그러면 다음과 같이 해당 경로에서 이미지를 불러온 것을 확인할 수 있습니다. 이제 [Save As]를 클릭합니다.

Tileset 이미지 열기   New Tileset 이미지 불러오기

그러면 한 번 더 저장하는 창이 나오는데 기본 이름이 설정되어 있을 것입니다. 이름이 설정되어 있지 않거나 새로운 이름으로 변경하기를 원한다면, 이름을 수정한 뒤 저장 버튼을 누릅니다. 저장했다면 다음과 같은 Tileset들을 프로그램에서 확인할 수 있습니다.

Tileset file 저장하기

불러온 Tileset

이제 현재 탭을 살펴보면 초기에 만들었던 맵이 아닌 우리가 불러왔던 Tileset이 모인 탭으로 이동된 것을 볼 수 있습니다. 파일 상단 메뉴 밑을 보면 초기에 만든 맵탭, 불러온 Tileset탭이 있는데 우리가 처음에 만든 맵탭으로 이동하겠습니다. 이제 기본 세팅은 끝났습니다. 본격적으로 Tiled를 이용하여 맵을 제작해보겠습니다.

맵의 탭 바로 밑을 보면 메뉴 아이콘이 있는데 이 중 우리가 쓰는 것들만 간단히 설명하겠습니다.

(B)　도장툴로 Tileset에서 불러와 작업 영역에 찍는 도구입니다. 게더타운에 있는 도장툴과 동일합니다.

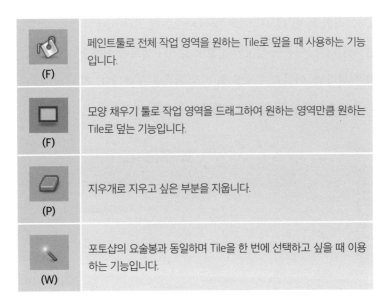

(F)	페인트툴로 전체 작업 영역을 원하는 Tile로 덮을 때 사용하는 기능입니다.
(F)	모양 채우기 툴로 작업 영역을 드래그하여 원하는 영역만큼 원하는 Tile로 덮는 기능입니다.
(P)	지우개로 지우고 싶은 부분을 지웁니다.
(W)	포토샵의 요술봉과 동일하며 Tile을 한 번에 선택하고 싶을 때 이용하는 기능입니다.

Tileset 메뉴 아이콘 소개

덧붙여 작업 취소(이전 작업으로 돌아가기)를 하기 위해서는 우리가 일반적으로 알고 있는 단축키 'Ctrl+Z'를 그대로 사용하면 됩니다. 각 메뉴에 마우스 커서를 가져가면 메뉴 이름과 단축키가 나오므로 시간이 될 때 확인해보면 좋을 것입니다.

다음 그림처럼 가로세로 각 30개 타일의 바닥을 칠해보겠습니다. 우선 Tilesets에서 내가 바닥을 칠할 타일(Tile)을 하나 클릭하면 되는데, 클릭하거나 드래그하여 선택된 타일은 아래 보이는 것처럼 푸른색으로 변합니다. 바꾸려면 다른 것을 클릭해 변경할 수 있습니다. 전체 바닥을 칠할 때는 앞서 설명한 도장툴이나 모양 채우기를 사용하거나, 페인트통 툴을 이용하여 색칠할 수 있습니다.

2부. 교육적으로 활용이 가능한 메타버스 플랫폼

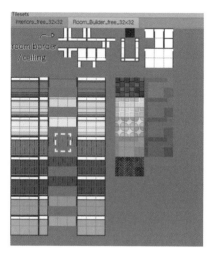

드래그하여 Tile 선택하기

이제 바닥을 만들었으니 그 위에 물건을 올려보겠습니다. 우선 우측 중앙 Tilesets 위의 [Terrain Sets], [Objects], [Layers] 중 [Layers]를 선택합니다.

Layers를 선택했을 때 'Tile Layer 1'이 보인다면 제대로 선택한 것입니다. 이때 Layers는 포토샵의 레이어(층)와 같은 개념입니다.

우선 바닥을 만들었으니 새로운 레이어를 만들어 오브젝트를 쌓아야 합니다. 따라서 '바닥 레이어' 외에 '오브젝트를 쌓을 레이어'를 필수로 생성해야 합니다. Layers 메뉴창 하단 맨 왼쪽에 새 레이어 생성창이 있습니다. 이 아이콘을 클릭하면 새로 생성할 수 있는 레이어가 나오는데, 이 중 [Tile Layer]를 클릭하면 'Tile Layer 2'가 자동 생성됩니다.

주의할 점은 '레이어의 순서'입니다. 보시는 것처럼 'Tile Layer 1'

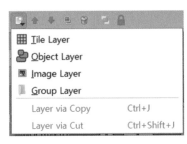

Tile Layer 생성

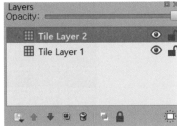

Tile Layer 2가 생성된 모습

이 아래에, 'Tile Layer 2'가 그 위에 있어야 합니다.

앞서 설명한 것처럼 바닥 위에 오브젝트를 얹는 개념이므로 오브젝트를 삽입할 'Tile Layer 2'가 'Tile Layer 1'보다 위에 있어야 합니다.

예를 들어 'Tile Layer 2'에 테이블을 삽입했는데 테이블 위에 화병을 놓고 싶다면 'Tile Layer 3'을 생성하여 화병을 삽입합니다. 즉 바닥 위에 오브젝트를 얹고 싶다면 레이어를 위쪽에 추가 생성해야 합니다. 대부분의 작업은 바닥 레이어 1개, 오브젝트 레이어 1개, 오브젝트 위에 얹을 오브젝트 레이어 1개까지 총 3개면 충분합니다.

이제 바닥 위에 오브젝트를 올려보도록 하겠습니다. 이때 'Tile Layer 2'가 클릭되어 있는지 확인을 꼭 해야 합니다. 정상으로 선택이 되어 있다면 'Tile Layer 2'의 글씨가 'Tile Layer 1'보다 굵은 글씨로 표시되어 있을 것입니다. 그리고 Tilesets으로 가서 타일들을 자세히 살펴보면 사각형의 격자가 있는데, 이 사각형 한 칸이 맵에 보이는 사각형과 일대일로 대응합니다. Tilesets에서 원하는 오브젝트를 찾았다면, 내가 사용할 부분을 바닥 타일(Tile)처럼 한 칸을 선택하거나, 다음 그림과 같이 필요한 부분만큼 마우스로 드래그하여 선택할 수 있습니다. 선택된 파일은 바닥을 깔았을 때와 동일하게 다음 그림처럼 파란색으로 표시됩니다.

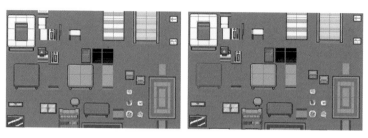

Object Tile 모습   Object Tile 선택

타일을 선택한 다음, 맵 화면으로 마우스 커서를 가져가면 반투명한 테이블 모양이 다음과 같이 나타납니다. 빨간색 부분에는 삽입이 불가능하니 이를 염두에 두고 오브젝트를 삽입하면 됩니다.

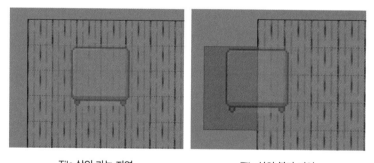

Tile 삽입 가능 지역   Tile 삽입 불가 지역

오브젝트들을 삽입하면서 혹시 모를 만일의 사태를 대비하여 수시

로 백업해두는 것도 잊지 말아야 합니다.

이제 다음과 같이 소스에 있는 오브젝트들을 활용한 맵이 완성되었습니다. 오픈소스 사이트에서 받은 소스가 많지 않아 제작하는 데 한계가 있겠지만, 더 다양한 오브젝트를 원한다면 오픈소스 사이트에서 비슷한 스타일의 Tileset들을 다운로드받아 활용하여 더 다양한 맵을 구성할 수 있습니다.

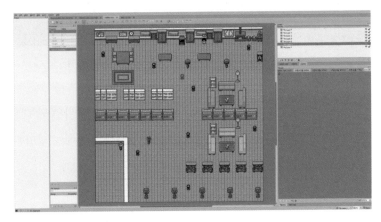

완성된 맵의 모습

맵이 다 완성되었으므로 이제 이미지로 출력해보겠습니다. 좌측 상단 메뉴 중 [File]을 클릭합니다. 그다음 [Export As Image]를 클릭합니다. 이때 저장 경로와 저장 설정 메뉴 팝업창이 나타나는데, 설정값은 그대로 두고 저장 경로를 확인하거나 저장 위치를 변경하여 [Export]를 클릭합니다.

별도로 저장 완료 문구는 나오지 않습니다. 앞서 설정했던 저장 위

2부. 교육적으로 활용이 가능한 메타버스 플랫폼

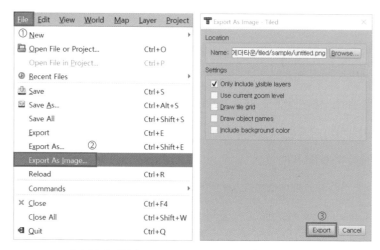

이미지로 출력하기	저장 경로 확인하기

치로 가서 확인해보면 Tiled로 제작했던 맵이 이미지화되어 저장된 것을 확인할 수 있습니다.

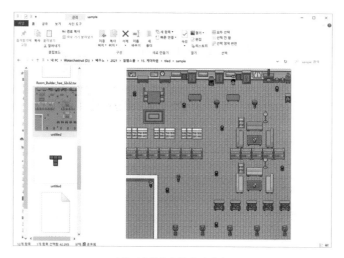

Tiled에서 추출한 맵 이미지

게더타운에 업로드하기

제작한 맵을 업로드하기 위해 게더타운 사이트에 접속합니다. 새로운 스페이스를 만들어도 되고 기존 스페이스에서 룸을 추가해도 됩니다. 여기서는 새로운 스페이스에서 [Start form blank]로 빈 공간을 생성하도록 하겠습니다.

기존의 스페이스에서 룸을 생성하는 경우라면 우측 최하단에 있는 [Create a new room]으로 방을 하나 생성한 뒤에 [Create a blank room]으로 빈 공간을 생성하면 됩니다. 다음으로 왼쪽 위의 메뉴를 클릭합니다. 그중 [Back ground & Foreground]를 클릭하면 총 4가지의 하위 메뉴가 나오는데 여기서 [Upload Background]를 선택합니다. 그러면 두 가지 메뉴 중 하나를 선택하는 창이 나옵니다. 여기서는 [Upload a background]를 클릭한 뒤 아까 맵 이미지를 저장했던 경로로 가서 맵 이미지를 업로드합니다.

백그라운드 업로드

이미지 파일 업로드하기

다음과 같이 게더타운 맵메이커에 Tiled에서 제작한 맵이 업로드된 것을 볼 수 있습니다.

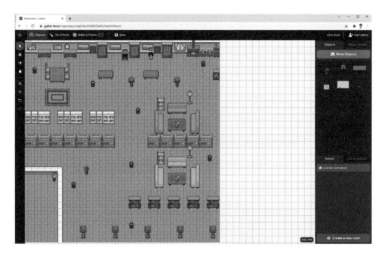

게더타운에 맵 이미지가 삽입된 장면

이후에는 [Tile Effects]의 기능 중 [Impassable]로 벽을 만들어주고 [Portal]이나 그 외 다양한 기능들을 삽입해주면 됩니다.

새로운 방을 만들었으므로 'Spawn 타일'을 맵 안에 반드시 지정해주어야 합니다. 참고로 외부에서 이미지를 업로드하는 경우에는 [Wall & Floors] 기능을 사용할 수 없습니다. 아직 베타버전이라 불완전합니다. [Wall & Floors]를 클릭하면 이미지가 삭제되는 오류 현상이 발생하므로 사용하지 않는 것이 좋습니다.

교육 콘텐츠로서의 게더타운

앞서 살펴본 것처럼 게더타운은 여타 다른 메타버스 플랫폼과 달리 2D 기반이기 때문에 매우 직관적이고 조작이 쉬우며, 오브젝트에 다양한 수업 도구들을 연동시킬 수 있다는 장점이 있습니다. 그래서 여타 메타버스 플랫폼과 달리 다양한 유형의 콘텐츠를 생산할 수 있습니다.

초기에 게더타운을 활용했던 교사들은 교실, 과학, 음악 등의 전담실을 만드는 것이 전부였지만, 지금 게더타운을 활용하는 교사들은 [Wall & Floors]를 이용한 미로찾기와 보물상자 오브젝트를 이용한 보물찾기 맵을 만들기도 합니다. 더 나아가 수업과 연계한 방탈출 맵과 OX퀴즈를 할 수 있는 맵, 미션 달리기를 하는 맵 등을 다양하게 만들어 수업에 활용하고 있습니다.

게더타운에서는 게더타운 플랫폼이 학교 현장에서 쓰이고 있다는 것을 인지하고 있습니다. 이를 염두에 두고 회의 기능에 국한하지 않고 교육에도 사용할 수 있도록 기능, 오브젝트 등을 수시로 업데이트하고 있습니다. 앞으로도 게더타운은 다방면에서 더 개발하고 발전시킬 것이기에 잠재성이 높은 플랫폼입니다. 꼭 한 번은 다뤄보고 활용해볼 플랫폼입니다.

이제는 선생님 차례입니다. 앞에서 읽은 내용들을 참고하여 창의적이고 선생님의 개성을 나타낼 수 있는 게더타운 맵을 만들어서 학생들과 즐거운 수업 만들어보면 어떨까요?

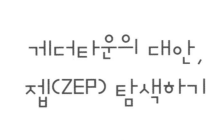

게더타운의 대안, 젭(ZEP) 탐색하기

앞에서 이야기한 것처럼 현재 게더타운은 공식적으로 만 18세 미만은 사용할 수가 없습니다. 그래서 이번 절에서는 게더타운의 나이 제한에 대한 차선책으로 쓸 수 있는 플랫폼을 소개하려고 합니다. 바로 '젭(ZEP)'이라는 플랫폼인데, '바람의 나라: 연' 모바일 게임을 제작하였던 슈퍼캣과 '제페토'의 운영사인 네이버제트가 협업하여 런칭한 플랫폼입니다. 전체적으로 보면 게더타운과 흡사한 방식으로 제작되었기 때문에, 사용 방법을 익히는 데 큰 어려움이 없을 것입니다.

게다가 젭의 경우에는 연령제한이 '만 14세 미만'이지만 네이버 웨일스페이스(whalespace) 계정을 활용해 젭 에듀(ZEP Edu)로 접속을 한다면 전 연령 사용이 가능해서 학교에서도 사용할 수 있다는 점이 매력적입니다. 더군다나 한 공간(Space) 한 채널당 500명까지 접속할 수있어서 동아리활동, 교내 행사 등 학교에서 활용하기에 더 좋은 조건

플랫폼	게더타운	젭
공통점	- 별도 프로그램 설치 없이 실행 가능(웹브라우저 크롬을 기반으로 함) - 공간 생성 및 편집 가능 - 캐릭터 커스터마이징(Customizing) 가능 - 맵 수정 기능 지원 - 스마트폰 접속 가능	
차이점	- 한글 미지원 - 부분 무료 - 만 13세 미만 사용 불가 (만 14~18세인 경우 조건부 사용 가능) - 게더타운 앱 없음	- 한글 미지원 - 부분 무료(에셋 판매로 개인 수익 창출) - 젭 에듀(ZEP Edu)로 접속 시 연령 제한 없음 - 젭 앱 존재(스마트폰과 호환성 좋음)

게더타운과 젭 비교

을 갖추었다고 볼 수 있습니다. 다만, 젭 에듀의 경우 젭에서 사용하는 에셋스토어 등의 일부 기능이 제한되어 있기 때문에, 지금부터 우리는 젭을 기준으로 기본적인 사용방법을 알아보도록 하겠습니다.

접속하기

젭에 접속하여 회원가입 및 로그인하는 방법은 간단합니다. 우측 상단의 [로그인] 버튼을 클릭합니다. [로그인] 버튼을 클릭하면 구글로 로그인할지 이메일로 로그인할지 묻는 화면이 나타납니다. 구글 계정이 있다면 곧바로 회원가입 및 로그인을 할 수 있으며, 없다면 아래 이메일 칸에 현재 사용 중인 이메일을 입력합니다. 해당 메일로 6자리 코드가 전송되고, 이 코드를 입력하면 회원가입과 동시에 로그인이 됩니다.

젭 메인화면

젭 로그인 화면   코드 입력 화면

젭 에듀로 접속하고 싶다면 앞에서 말한 것처럼 네이버 웨일을 사용해야 합니다. 네이버 웨일을 실행시킨 뒤 우측 상단 로그인 버튼을 클릭하면 [학교/기관 로그인] 전용으로 로그인을 할 수 있습니다. 그런 다음 젭으로 접속하여 [로그인] 버튼을 클릭해서 [웨일스페이스로 로그

인하기] 버튼을 클릭하면 로그인되면서 자동으로 젭 에듀로 접속하게 됩니다. 웨일스페이스 계정과 관련해서는 학교 업무 담당 선생님께 우선 확인해보고 학교에 계정이 없는 경우 웨일브라우저 고객센터에서 계정 발급 방법을 확인할 수 있습니다. 웨일브라우저 고객센터에 게시된 '웨일스페이스 학교 가입 방법'이라는 안내글을 살펴보면 각 시도별로 교육청 담당부서와 계정신청 방법이 나와 있으니 확인해보고 필요한 절차대로 계정을 신청하면 됩니다.

공간 만들기

로그인이 되면 다음과 같은 화면이 나타나는데, 이때 [스페이스 만들기]를 클릭합니다.

스페이스 화면

[스페이스 만들기]를 클릭하면 '템플릿 고르기' 화면이 나오며, 현재 40개 맵이 존재합니다. 이 중 젭 사용의 목적과 콘셉트에 맞춰 원하는 맵을 선택하면 됩니다. 각 템플릿의 섬네일 하단에 보이는 숫자는 해당 공간에 접속할 수 있는 인원수를 나타냅니다. 따라서 템플릿을 선택하기 전 최대 인원을 고려하면 좋습니다.

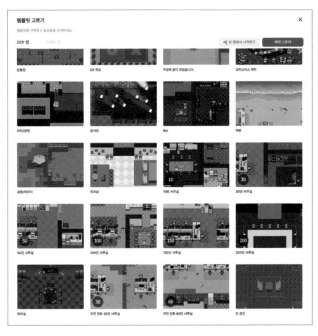

템플릿 고르기

템플릿을 골라 클릭하면 스페이스 이름과 비밀번호 설정 여부를 묻는 팝업창이 나옵니다. 적절한 이름과 공개 여부를 체크한 뒤 [만들기] 버튼을 클릭합니다.

그러면 스페이스가 만들어지면서 자동으로 스페이스로 이동하게 됩니다. 이때 스페이스 화면의 왼쪽 메뉴바에서 톱니바퀴 모양의 아이콘을 클릭하고 [오디오/비디오]에 들어가면 오디오와 비디오 설정이 나옵니다. 여기서 마이크와 카메라의 설정이 가능합니다.

그리고 [맵 설정]에 들어가면 채팅 금지, 화면 공유 금지, 찌르기 비활성화 등 다양한 금지 및 비활성화 기능들을 볼 수 있습니다. '찌르기 알림 금지'의 경우 수업이나 활동 중에 학생들끼리 계속 찌르기를 해서 나오는 알림 소리를 차단해 활동에 방해가 되지 않도록 하는 기능입니다. 또 수업 중 학생들이 미니 게임을 실행해 수업에 지장을 주는 경우가 생길 수 있는데, 이럴 때 사용 가능한 기능이 '미니 게임 비활성화'입니다. 따라서 수업 및 활동 상황에 맞게 일부 기능들을 적절히 금지하고 비활성화하는 것이 좋습니다.

설정 화면

전체 구성 및 기능 알아보기

스페이스에 접속하면 다음과 같은 화면을 볼 수 있습니다.

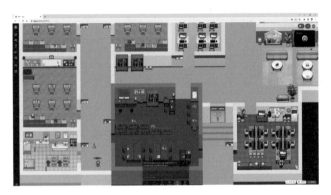

스페이스 접속 화면

　게더타운과 흡사한 2D 도트스타일 그래픽에 레이아웃도 비슷합니다. 따라서 기존 게더타운 사용자도 쉽게 사용할 수 있고, 처음이어도 금방 익숙해질 수 있는 구조입니다. 이동할 때는 마우스를 클릭하여 이동하거나, 다음 조작키에 따라 움직일 수 있습니다.

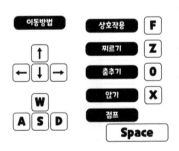

젭 조작키

이번에는 화면 아래에 위치한 기능들을 살펴보도록 하겠습니다. 다음 그림의 왼쪽부터 카메라 켜기/끄기, 마이크 켜기/끄기, 화면 공유, 미디어 추가, 채팅, 리액션 아이콘입니다.

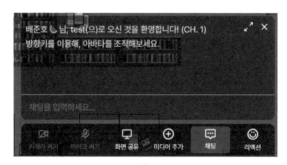

젭 기본 기능

카메라 켜기/끄기 버튼

[카메라 켜기/끄기] 버튼은 웹캠 화면의 on/off 기능을 수행합니다.

마이크 켜기/끄기 버튼

[마이크 켜기/끄기] 버튼은 내 마이크를 on/off 하는 기능입니다.

화면 공유 버튼

[화면 공유] 버튼은 다른 참가자들에게 내 화면을 공유할 때 사용합니다. 이 버튼을 클릭하면 [화면 공유하기]와 [화면/오디오 공유하기]가 나옵니다. [화면 공유하기]는 화면만 공유하는 것이고, [화면/오디오 공유하기]는 화면과 컴퓨터 오디오를 함께 공유하는 기능입니

다. 공유하기 버튼을 클릭하면 전체화면, 창, 크롬 탭 공유 옵션을 선택할 수 있습니다. 그리고 화면을 공유하면서 오디오도 공유하고 싶다면, 하단 시스템 오디오 공유를 꼭 체크하고 [공유] 버튼을 클릭합니다.

화면 공유하기

미디어 추가 버튼

[미디어 추가] 버튼을 사용하여 스페이스 내에 유튜브, 이미지, 파일 등 다양한 미디어를 추가하여 다른 참가자들과 미디어를 공유할 수 있습니다. 참고로 유튜브, 이미지, 파일, 화이트보드의 경우 스페이스에 추가하면 그 위치에 블록이 생기는데, 아바타가 그 위에 서서 점프하면 미디어를 삭제할 수 있습니다.

2부. 교육적으로 활용이 가능한 메타버스 플랫폼

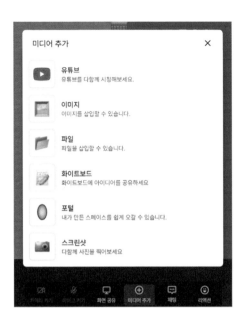

① 유튜브

[유튜브] 버튼을 클릭하면 유튜브 임베드하기 창이 나타납니다. 여기서 [검색 또는 URL 입력] 칸에 유튜브 링크를 직접 붙여넣기하여 유튜브 동영상을 스페이스에 연결할 수 있습니다. 바로 URL 입력 방식입니다.

젭에는 이렇게 유튜브 링크 주소를 직접 입력하는 방식 외에도 새로운 임베드 기능이 있습니다. 바로 원하는 영상의 '키워드'를 입력했을 때, 자동으로 유튜브에서 관련 동영상을 검색해주는 기능입니다. 유튜브 주소를 모르는 상황에서 키워드만으로 빠르게 관련 동영상을 검색해서 보여줄 수 있기 때문에 제법 편리하고 좋은 기능입니다.

유튜브 임베드하기

② 이미지

[이미지] 버튼을 클릭한 뒤, 내 컴퓨터 또는 스마트폰인 경우 스마트폰의 사진첩에서 이미지를 선택할 수 있습니다. 이미지가 삽입되면 아바타가 있는 위치에 이미지 블록이 나타납니다.

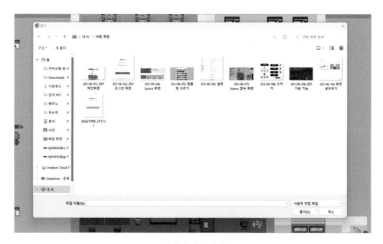

이미지 삽입하기

         2부. 교육적으로 활용이 가능한 메타버스 플랫폼

③ 파일

[파일] 버튼을 클릭한 뒤 내 컴퓨터에 있는 파일을 선택하여 스페이스에 추가할 수 있습니다. 다만, 일정 시간이 지나면 다운로드가 불가능합니다.

④ 화이트보드

[화이트보드] 버튼을 클릭하면 도형과 텍스트, 이미지를 삽입하고 그림도 직접 그릴 수 있는 빈 메모장이 나타납니다. 화이트보드 기능을 이용해 다른 사람에게 아이디어를 공유하고 설명할 수 있습니다.

⑤ 포털

[포털] 버튼을 클릭하면 자신이 소유한 스페이스 목록을 보여주는 팝업 메뉴가 표시됩니다. 포털 기능을 이용하면 내가 만든 스페이스

포털 설치하기

사이를 빠르게 이동할 수 있습니다. 스페이스를 선택하면 아바타가 위치한 곳에 포털이 나타납니다. 다른 참가자들도 자신이 만든 포털을 이용해 순간 이동을 할 수 있습니다. 일정 시간이 지나면 포털은 자동으로 사라집니다.

⑥ 스크린샷

현재 젭의 화면을 캡처하여 내 컴퓨터에 다운로드하는 기능입니다. 인증샷을 찍는 등의 활동을 할 때 유용하게 사용할 수 있습니다.

채팅

화면 하단에 있는 채팅 입력 창으로 대화 내용을 입력하여 같은 공간에 있는 사람과 공개적으로 채팅할 수 있습니다. 채팅 출력 창의 오른쪽 상단에 있는 창 크기 변경 아이콘을 클릭하여 채팅 출력 창의 크기를 조정할 수도 있습니다. 창의 크기를 조절하는 것은 많은 양의 대화 내용을 빠르게 검토할 때 유용합니다. 그리고 [x] 버튼을 클릭해서 채팅창을 사라지게 할 수도 있습니다. [채팅] 버튼을 클릭하면 다시 채팅창이 생깁니다.

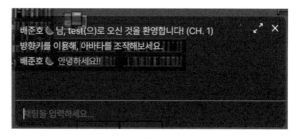

채팅

리액션

사용자는 리액션 기능을 사용하여 다른 참가자에게 감정을 공유할 수 있습니다. 리액션에 있는 7가지 리액션을 아바타가 표현합니다. 감정표현은 숫자키 '1~5'까지이며, 춤추는 것은 '0', 찌르기는 'Z', 앉기는 'X'입니다.

리액션

따라가기와 옷 따라입기

따라가기 기능을 사용하면 공간 내에서 캐릭터를 움직일 필요 없이 다른 사람에게 이동할 수 있으며, 다른 사람의 위치를 쉽게 파악할 수 있습니다. 따라가기 기능을 활성화하고 싶다면, 참가자 목록에서

따라가기와 옷 따라입기

대상의 이름을 클릭한 후 [따라가기]를 선택하면 됩니다. 그리고 [옷 따라입기]를 클릭하면 상대방과 똑같은 옷으로 갈아입게 됩니다. 그 외에도 [알림 주기], [신고하기] 기능이 있고 [강퇴하기]는 게스트에게 는 보이지 않는 권한입니다.

초대하기와 호스트 메뉴, 후원하기

초대 기능을 사용하면 다른 사람을 스페이스에 쉽게 초대할 수 있 습니다. 스페이스 화면의 오른쪽 하단에 있는 [초대하기] 버튼을 클릭 해서 친구 초대하기 창이 뜨면, [초대 링크 복사하기] 버튼을 선택해 학생들에게 링크를 공유할 수 있습니다. 공간이 비밀번호로 보호되어 있다면 참고할 수 있도록 초대 코드가 하단에 표시됩니다.

[호스트 메뉴] 버튼은 호스트에게만 보이는 것으로, 스페이스 설정 창의 바로가기입니다.

호스트 메뉴, 후원하기, 초대하기 버튼

젭에는 젬(ZEM)이라는 재화가 있습니다. 사용자들은 젬을 가지고 서로 후원하거나 정산을 통해 수익화할 수 있는데, 여기서 [후원하기] 버튼은 상대방에게 젬을 후원하는 기능입니다. 학생들에게는 불필요한 기능이므로 설정 창의 호스트 메뉴에서 비활성화하도록 합니다.

다른 참가자의 오디오/비디오 조절하기

다른 참가자의 영상을 더 자세히 보려면 참가자의 카메라로 보여주는 부분을 클릭하여 확대할 수 있습니다. 또한 스페이스 화면의 오른쪽 상단 모서리에 있는 레이아웃 아이콘을 클릭하여, 참가자 영상의 위치 및 정렬(위로 정렬, 우측 정렬, 그리드 보기)을 조정할 수도 있습니다.

다른 참가자 오디오/비디오 조절하기

내 프로필

스페이스 화면의 오른쪽 상단에 있는 내 아바타를 클릭하면 내 프로필을 설정할 수 있습니다. 내 이름과 상태명을 수정할 수 있고, 아바타 꾸미기 기능으로 내 아바타의 외형을 커스터마이징(customizing)할 수 있습니다.

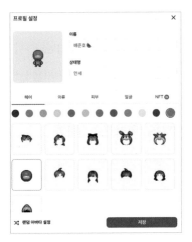

아바타 커스터마이징

미니 게임

[미니 게임]은 스페이스 안에서 대기 시간을 보낼 때, 학교 수업의 경우 쉬는 시간일 때 간단하게 할 수 있는 미니 게임을 제공하는 기능

미니 게임 실행하기

　　　　　　　　　2부. 교육적으로 활용이 가능한 메타버스 플랫폼

입니다. 젭 화면의 왼쪽 메뉴들 가운데 게임패드 모양의 아이콘을 클릭하면 라이어 게임, 초성 퀴즈, 똥 피하기, 좀비 게임, 퀴즈! 골든벨 등 총 9가지 게임 목록이 나타나며, 원하는 게임을 선택하여 즐길 수 있습니다. 목록 하단에 있는 [스토어에서 미니 게임 다운로드]를 클릭하면 에셋스토어로 연결되는데 여기서 추가로 미니 게임을 다운로드할 수 있습니다.

젭 앱 관리

젭의 스페이스 내에 앱을 설치할 수 있습니다. 학생들에게 흥미가 있을 만한 탑승 앱들도 있고 수업에 활용할 수 있는 스탬프 앱도 있습니다. 이 외에도 학생들과 함께 활용할 수 있는 앱들이 있으니 직접 사용해보고 수업에 적용해보면 좋겠습니다.

젭의 교육적 활용 가능성

교육적 활용을 위한 젭 교실은 아카이브형 교실, 수업영상형 교실, 학생주도형 교실 이렇게 세 가지로 분류할 수 있습니다.

우선 아카이브형 교실은 메타버스 교실을 일종의 수업 저장소로 사용하는 것입니다. 메타버스 교실에 패들렛이나 띵커벨보드, 잼보드 등을 연동하고 자료를 저장한다고 생각하면 이해가 쉽습니다. 맵 내의 미디어 추가 기능 중 파일 추가를 이용해서 메타버스 교실에 피피티

(ppt) 등의 학습 자료를 저장하는 경우도 아카이브형에 속합니다. 아마도 젭 교실에서 보편적으로 많이 활용되는 형태가 아카이브형일 것입니다. 패들렛, 잼보드, 띵커벨보드 등을 추가해 학생들이 직접 만든 디지털 콘텐츠 수업 자료를 저장할 수 있고, 스마트폰으로 촬영한 사진 업로드도 매우 쉬워서 학생들의 수행 과제물을 꾸준히 누적하기에 유용하기 때문입니다.

두 번째로 수업영상형 교실은 '줌을 이용한 화상수업'처럼 '메타버스 안에서 화상수업'을 진행하면서, e학습터와 같이 온라인 수업 영상, 수업에 필요한 동영상 자료들을 교실에 탑재하는 형태의 교실을 말합니다. 교사는 젭의 화면 공유 기능과 스포트라이트 기능(참가자 전체에게 말을 전달할 수 있는 기능), 화이트보드 등을 사용한 온라인 수업을 진행할 수 있습니다. 이때 중요한 것은 젭 안에서 교사의 의도대로 수업이 원활하게 이루어질 수 있도록 수업을 잘 설계하는 것입니다.

세 번째 학생주도형 교실은 다른 메타버스 교실보다 학생들이 조금 더 주도적인 활동을 할 수 있게끔 교실을 배치하고 설계해놓은 형태를 말합니다. 주로 아이들이 좋아하는 방탈출 맵이 이 형태에 속한다고 볼 수 있습니다. 아카이브형 교실이나 수업영상형 교실보다 학생들의 흥미를 끌어내고 몰입도를 향상시킬 가능성이 높습니다. 단, 방탈출 맵의 경우에는 맵 자체가 이벤트적인 일회성으로 끝날 확률이 높아 교사가 맵을 자주 업데이트해야 한다는 번거로움이 있습니다. 또한 젭이 수업을 위한 도구이자 매체로써 활용되어야 하며, 젭의 사용 자체가 '교육 목적'이 되지 않도록 주객전도의 상황을 유의할 필요도 있

2부. 교육적으로 활용이 가능한 메타버스 플랫폼

습니다.

젭은 젭 에듀를 출시할 만큼 교육 플랫폼으로서 자리매김하고자 하는 의지를 보이고 있습니다. 학교 구성원들이 사용하기 좋은 다양한 오브젝트, 학교 방탈출 맵 템플릿 등이 꾸준히 에셋스토어에 업로드되고 있습니다. 교육 맵 공모전을 열어 교육적 활용 사례를 발굴하고 있다는 점 또한 앞으로의 추이를 기대하게 만듭니다.

6장

직접 만들고 즐기는 메타버스
: 로블록스, 마인크래프트

2021년 11월, 세계적인 스포츠웨어 브랜드 '나이키'는 로블록스에 오리건 주 본사를 본떠 만든 '나이키랜드(Nikeland)' 구축 계획을 발표했습니다. 나이키랜드는 미국의 '나이키 월드 캠퍼스(Nike World Campus)'를 모델로 지어지며, 사용자들은 이곳에서 스마트폰 등의 디지털 기기를 활용하여 게임을 즐기거나, 자신만의 게임을 디자인할 수 있습니다. 또한 나이키 제품들로 꾸며

로블록스에 구축된 나이키랜드의 모습

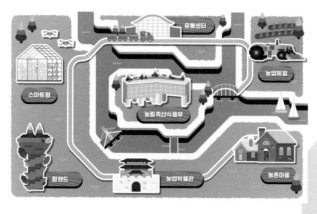

'욱 크래프트' 전체 지도 및 농림축산식품부 모습

진 디지털 쇼룸에서 나이키 제품을 착용하고, 나이키랜드 세계를 탐험할 수 있습니다.

국내 농림축산식품부에서는 같은 해 11월, 마인크래프트를 활용한 가상 체험공간 '욱 크래프트'를 공개했습니다. '욱 크래프트'는 농림축산식품부에서 메타버스를 활용하여, 농식품과 관련된 정책을 소개하고, 다양한 콘텐츠를 체험할 수 있도록 만든 공간입니다. 누구나 누리집(www.wookcraft.kr)으로 접속해서 욱 크래프트의 맵을 다운로드 받으면 농림축산식품부, 농촌마을, 스마트 팜, 생태농장, 농업박물관 등의 마인크래프트 공간을 체험할 수 있습니다. 욱 크래프트는 '농'을 뒤집으면 '욱'이 된다는 점에 착안해 농업 '혁신'의 뜻을 담은 이름입니다.

직접 만들고 즐기는 메타버스: 로블록스, 마인크래프트

이번 장에서 소개할 메타버스는 '로블록스'와 '마인크래프트'입니다. 로블록스와 마인크래프트는 3D 기반의 플랫폼이며, 사용자가 같은 공간에서 상상한 것을 만들고 함께 공유할 수 있다는 공통점을 가지고 있습니다. 연령과 관계없이 누구나 공간을 직접 만들고 즐길 수 있다는 점에서 초등학생들에게 굉장히 인기 있는 플랫폼입니다.

로블록스는 월간 활성 사용자 수가 1억 5,000만 명이 넘는 화제성 짙은 플랫폼이자 프로그램입니다. 사용자들이 직접 만든 4,000만여 개의 몰입형 세상이 존재하며, 그곳에서 사람들은 로블록스 세계를 탐험하고 즐길 수 있습니다.

마인크래프트는 2011년 발매된 샌드박스 형식의 메타버스 플랫폼으로, 이미 전 세계적으로 손꼽힐 만큼 많은 유저를 보유하고 있습니다. 최근에는 AR, VR까지도 출시되어, 마인크래프트를 다양한 형태로 즐길 수 있습니다.

	로블록스	마인크래프트
공통점	· 샌드박스 형식 · PC, 모바일 등 다양한 기기를 활용	
차이점	아바타 아이템 판매 및 월드 내 상점 등으로 수익 창출 가능	마켓플레이스를 통한 수익 창출 가능
사용료	무료	유료 (자바, 베드락, 에듀케이션 버전에 따라 다름)
게임의 형태	자체모드 없음	서바이벌모드, 크리에이티드 모드

'로블록스'와 '마인크래프트'를 수업 시간에 활용하면, 학생들에게 몰입의 경험, 협동을 통한 프로젝트 과제 해결 등의 기회를 제공할 수 있습니다. 그리고 이 과정에서 재미와 협동심의 향상을 기대할 수 있습니다. 이번 장에서는 로블록스와 마인크래프트의 기본 기능들과 수업 적용 사례를 소개하고자 합니다.

로블록스, 아바타 제작부터 판매까지

로블록스에서는 현실에서 입기 힘든 옷들을 입어보거나 구하기 힘든 아이템들을 쉽게 구할 수 있습니다. 아바타 상점을 통해 전 세계 크리에이터들이 만든 각종 아이템을 무료 혹은 유료로 구입할 수 있으며, 구입한 아이템을 자신의 아바타에 쉽게 적용할 수 있습니다.

로블록스 아바타 상점

| 정면 | 뒷면 | 사용 예시 |

그뿐만 아니라 로블록스에서는 자신이 원하는 아바타 복장을 직접 만들어 꾸미고, 판매할 수도 있습니다. 별도의 3D 모델링 프로그램 없이 '템플릿 파일'을 이용하여 자신만의 아바타를 만들고, 만든 아바타를 상점에 등록하여 판매할 수도 있습니다.

단, 로블록스에서는 사용자가 직접 제작한 아바타 아이템을 업로드하고 판매할 수 있지만, 로블록스 자체 제작 프로그램을 제공하지는 않습니다. 하지만 로블록스에서 제공하는 템플릿과 간단한 프로그램을 이용하여 어렵지 않게 아바타 아이템을 제작할 수 있기 때문에, 학생들도 어렵지 않게 제작할 수 있습니다.

티셔츠(T-Shirts) 제작하기

로블록스에서는 캐릭터 복장 및 장신구, 아이템 등 다양한 요소를 디자인할 수 있습니다. 그중에서도 셔츠와 바지 제작이 가장 쉽고, 티셔츠의 경우에는 템플릿 없이도 제작이 가능하며, 업로드를 위한 별도 비용 역시 발생하지 않습니다.

로블록스의 아이템을 제작할 수 있는 프로그램은 블렌더, 마야, 그림판 3D 등 아주 다양합니다. 우리는 그중에서 Windows에서 제공하는 무료 편집 프로그램인 '그림판 3D'를 활용하여 티셔츠를 제작해보겠습니다.

먼저 Windows 검색창에서 '그림판 3D'를 검색하여 열어줍니다. 프로그램 상단 [캔버스]를 선택하여 투명한 캔버스를 켜줍니다. 너비와 높이를 각 '512'로 바꾸어줍니다. 원하는 이미지를 드래그 앤 드랍하여 넣거나 브러시를 이용하여 나만의 그림을 그려줍니다.

티셔츠에 넣을 그림을 선택했다면 [메뉴]에서 [저장] 또는 [다른 이

그림판 3D에 티셔츠에 넣을 그림 불러오기

름으로 저장]을 선택한 다음, 파일 형식은 'PNG'로 설정해줍니다. 이
제 티셔츠에 넣을 그림이 완성되었습니다.

로블록스 홈페이지 [만들기] - [My Creations]

티셔츠에 그림을 넣으려면 로블록스 홈페이지에 접속해야 합니다.
홈페이지의 상단 탭 [만들기]를 선택하면 [My Creations]을 볼 수 있
습니다.

우리는 티셔츠를 제작해야 하므로 [My Creations]에서 [T-Shirts]
를 선택합니다. 이제 화면에서 [Create a T-Shirt]를 볼 수 있습니다.

Create a T-Shirt Don't know how? Click here

Find your image: 파일 선택 선택된 파일 없음

T-Shirt Name:

Upload

Create a T-Shirt

　　　　　　　　　　　2부. 교육적으로 활용이 가능한 메타버스 플랫폼

곰티셔츠
Created 11/9/2021

티셔츠 미리보기   티셔츠 장착 모습

[Find your image]에서 [파일 선택]을 클릭하여, 앞서 PNG 파일로 저장한 그림을 업로드하면 나만의 아바타 티셔츠가 완성됩니다.

셔츠와 바지 만들기

티셔츠 만들기는 상체 앞면만 프린팅되기 때문에 단순합니다. 이번에는 모든 방향을 프린팅할 수 있는 셔츠와 바지를 만들어보겠습니다. 학교급과 학년에 따라 학생들과 함께 제작할 아이템의 난이도를 고려하여 수업에 적용하면 됩니다.

셔츠와 바지를 만드는 것은 전체적으로 티셔츠 만들기와 동일합니다. 차이점은 로블록스에서 제공하는 템플릿을 사용한다는 점입니다.

템플릿은 티셔츠를 제작했던 [만들기] - [My Creations]에서 [Create a Shirt] 또는 [Create a Pants]에서 다운로드받을 수 있습니다. 셔츠와 바지는 한 세트의 템플릿으로 제공되기 때문에 [Create a Shirt]와

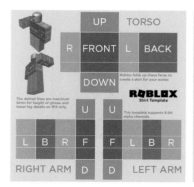 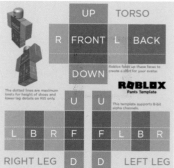

템플릿(좌)　　　　　　　　　　　템플릿(우)

[Create a Pants] 중 어느 것을 선택해도 동일한 템플릿을 다운로드받을 수 있습니다.

　아래 그림에서 보듯 [Click here]를 클릭하면 'Making Avatar Clothing' 페이지로 이동되며 템플릿을 다운로드받을 수 있습니다. 'Making Avatar Clothing'에는 템플릿 외에 아바타 제작에 대한 추가 정보들도 있으니 참고하면 좋습니다.

[Create a Shirt] - [Click here]

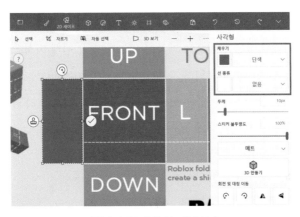

템플릿 티셔츠에 원하는 색깔 넣기

이제 다운로드받은 템플릿을 이용하여 축구 유니폼을 만들어보겠습니다. 그림판 3D를 열고 [캔버스] 크기를 '585x559'로 변경한 뒤 템플릿을 불러옵니다. [2D세이프]에서 사각형을 선택하고 마우스로 영역을 지정합니다. 그런 다음 원하는 색을 선택하여 씌워줍니다. 나머지 다섯 면에도 이 작업을 반복합니다. 상단 [T(텍스트)]를 선택하고,

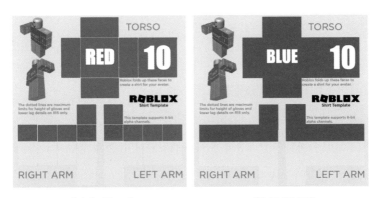

| 빨강 유니폼 도안 | 파랑 유니폼 도안 |

원하는 면에 글자와 번호를 넣으면 디자인이 완성됩니다.

바지 역시 같은 방법으로 제작이 가능합니다. 이제 티셔츠와 동일한 방법으로 업로드해줍니다. 참고로 셔츠와 바지는 업로드하기 위해서 10로벅스(한화 약 150원)를 지불하여야 합니다. 아바타 아이템이 잘 업로드되었는지는 [아바타 편집기]에서 확인할 수 있습니다.

유니폼 업로드가 완료된 모습

아바타 아이템 판매하기

업로드된 아바타의 판매등록은 매우 간단합니다. 먼저 상단 만들기 메뉴를 클릭하여 [My Creations]를 열어줍니다. [Create a Shirts]에서 아바타 설정 아이콘을 열어 [Configure]를 선택합니다. [판매] 탭을

2부. 교육적으로 활용이 가능한 메타버스 플랫폼

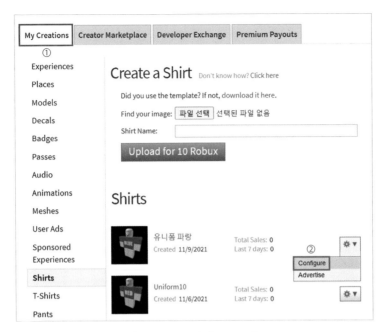

[Create a Shirts] - [Configure]

열어 원하는 가격을 적고 저장을 하면 자신이 직접 디자인한 아이템을 판매할 수 있습니다. 나만의 감각적인 옷을 만들고 가상 공간에 판매하는 색다른 경험을 체험해봅시다.

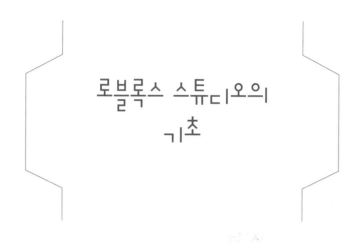

로블록스 스튜디오의 기초

이번 절에서는 로블록스의 가장 강력한 엔진 중 하나인 '로블록스 스튜디오'에 대해 알아보겠습니다. 일반적으로 게임 제작을 하기 위해서는 '유니티(Unity)'나 '언리얼엔진(unreal engine)' 같은 전문프로그램을

로블록스 스튜디오 다운받기

2부. 교육적으로 활용이 가능한 메타버스 플랫폼

사용해야 하지만, 이러한 전문 프로그램은 제작이나 출시가 쉽지 않습니다. 하지만 로블록스는 스튜디오를 통해 비교적 쉽게 게임을 제작하고 공유할 수 있는 플랫폼을 제공합니다.

로블록스 홈페이지 상단 탭 [만들기]를 선택한 다음 [Create New Experience]를 클릭해 로블록스 스튜디오를 다운로드하면 다음과 같은 창이 뜹니다. [Baseplate]를 선택하여 기본 기능을 알아보겠습니다.

로블록스 스튜디오 템플릿

도구	선택, 이동, 크기, 회전 같은 기본적인 조작을 할 수 있는 툴
지형 편집기	산, 물, 바위 등 다양한 재질의 지형을 만들고 수정할 수 있는 툴
파트	기본적인 모델링을 할 수 있는 부분으로 자주 사용
도구상자	전 세계 크리에이터들이 만든 자료들을 가져와서 사용할 수 있는 공간

편집	모델링한 구체물에 재질이나 색을 입힐 수 있고 서로 그룹으로 묶거나 고정할 때 사용
테스트	만든 게임을 실제 플레이해볼 때 사용
탐색기	게임 내 가상의 환경이나 파트, 플레이어, 소리 등 사용된 모든 요소들이 있는 공간
속성	탐색기에 있는 각 요소들의 구체적인 속성을 보거나 조정할 수 있는 부분

도구상자의 경우 악성코드가 내재된 아이템도 있으니 사용에 주의해야 합니다.

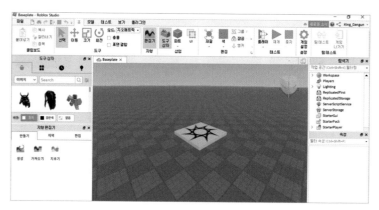

로블록스 스튜디오 기본 화면

2부. 교육적으로 활용이 가능한 메타버스 플랫폼

화면 조작법(카메라)

카메라 조작은 드론 조작법과 유사합니다. 키보드 [W], [S], [D], [A], [E], [Q] 키를 이용하여 앞, 뒤, 오른쪽, 왼쪽, 위, 아래로 이동하고, 마우스 오른쪽 버튼으로 카메라를 돌릴 수 있습니다. 마우스 휠을 사용하면 화면 축소 및 확대를 할 수 있습니다. 처음에는 다소 생소할 수 있으나 사용하다 보면 금방 적응할 수 있습니다.

파트 사용법

파트의 종류에는 블록(사각형), 구형, 쐐기형(삼각형), 원통이 있으며 현 시점의 화면 중앙에 생성됩니다. 원하는 위치로 이동하기 위해 [도구] 툴에서 [선택]을 활성화하고 [파트]를 클릭합니다.

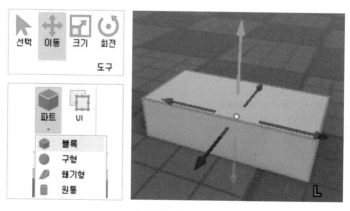

파트의 종류와 사용하기

다시 [이동] 도구를 활성화하면 3가지 색의 화살표가 생깁니다. 빨간색 화살표는 좌우, 파란색 화살표는 전후, 초록색 화살표는 상하로 이동시켜주는 기능입니다. 마우스로 화살표를 클릭한 상태에서 드래그하면 이동할 수 있습니다. 같은 방법으로 [크기]와 [회전]도 조절할 수 있습니다.

파트 꾸미기

앞서 만든 파트를 꾸미는 방법은 매우 간단합니다. 파트가 선택된 상태에서 [편집] 툴에 있는 [재질 관리자], [색]을 이용하여 원하는 모습으로 꾸밀 수 있습니다. 로블록스에서 파트는 쉽게 넘어지므로 고정이 필요하다면 [앵커]를 설정해야 합니다.

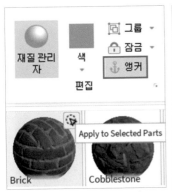

파트의 재질과 색 정하기

2부. 교육적으로 활용이 가능한 메타버스 플랫폼

연습하기

미로를 만들어보는 활동을 통해 기능을 익혀봅시다. 앞서 만든 벽을 'ctrl+D'를 통해 [복제]하고 마우스로 옆으로 옮겨 배치합니다. 또 하나를 복사하여 90도 회전시킵니다. 만들어진 벽들을 이동하거나 크기를 조절하여 간단한 미로를 만들어줍니다.

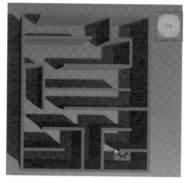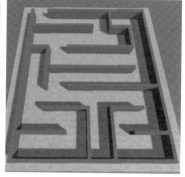

우측 상단에 [Top view]를 설정하면 사진과 같이 미로의 전체 모습을 확인하며 만들 수 있습니다. 바닥이나 지붕을 만드는 등 창의적으로 미로를 만들어봅시다.

저장하고 플레이하기

상단 [테스트] 탭에 [플레이]를 누르면 실제 게임을 테스트할 수 있습니다. 키보드 [W], [S], [A], [D] 키와 마우스를 이용하여 캐릭터를 움직일 수 있습니다. 만드는 중간에 자주 저장하는 것이 좋습니다. 좌측 상단 [파일]에서 [파일에 저장]을 클릭하면 컴퓨터에 저장됩니다. [다음으로 Roblox에 저장]을 하면 클라우드에 올라가게 됩니다. '플레이스 게시' 화면이 뜨면 [새 게임 만들기]를 눌러 이름 및 설명, 장르, 플레이할 기기를 설정한 후 [만들기] 버튼을 누릅니다.

캐릭터 저장하고 게임 실행하기

게임 공개하고 함께 즐기기

다른 사용자와 함께 게임을 즐기기 위해서는 '게시하기'와 '공개설정'을 해주어야 합니다. [Roblox에 게시]는 로블록스 스튜디오에서 할 수 있습니다. [Roblox에 게시]를 하면 자동으로 클라우드에 저장이 됩니다. 이때 [Roblox에 저장]만 하고, 게시를 하지 않으면 다른 사람이 플

2부. 교육적으로 활용이 가능한 메타버스 플랫폼

레이할 수 없습니다.

다음으로 공개설정이 필요합니다. 로블록스 홈페이지에 있는 [만들기] 페이지에 들어갑니다. 정상적으로 클라우드에 업로드되었다면 다음과 같이 만든 게임이 보입니다.

게임 공개설정하기

[Private]를 클릭하여 [Public]으로 바꿔줍니다.

업로드하는 데 시간이 조금 걸리기 때문에 검색창에서 바로 검색이 되지 않을 수 있습니다. 즉시 사용이 필요한 경우, 검색창에 만든 이의 아이디를 쓰고 [회원에서] 검색합니다. [작품] 탭에서 게임을 찾을 수 있습니다.

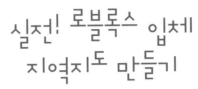

실전! 로블록스 입체 지역지도 만들기

로블록스 스튜디오와 조금 친해졌다면, 이제 본격적으로 수업에 활용해보겠습니다. 먼저 만들어볼 활동은 입체지도 만들기입니다.

이 활동은 사회교과와 연계하기에 좋으며 학생들이 직접 지형지물

로블록스로 만든 입체지도 예시

2부. 교육적으로 활용이 가능한 메타버스 플랫폼

을 만들고 체험할 수 있습니다.

자동지형 생성하기

로블록스 스튜디오를 열어서 [새로 만들기]를 합니다. [baseplate]를
선택하여 아무것도 없는 공간을 열어줍니다. 상단의 [지형 편집기]를
선택하면 왼쪽에 지형 편집기가 생겨납니다. 먼저 원하는 크기와 재질
을 선택합니다. [생성]을 누르면 자동으로 랜덤 지형을 만들어줍니다.
자동으로 만들어진 공간에서 다양한 활동이 가능합니다.

지형 편집기

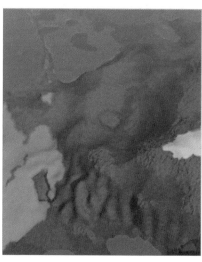

랜덤 지형 생성 모습

원하는 지형 편집하기

새로운 [baseplate]를 만들고 지형 편집기를 엽니다. 상단 [만들기], [지역], [편집] 중 [편집]을 클릭하고 [추가]를 선택합니다. 마우스 왼쪽 버튼을 누른 상태로 드래그하여 지형을 꾸며줍니다. 필요에 따라 브러시 모양을 바꿔주거나 베이스 크기를 조절할 수 있습니다. 처음 마우스를 클릭한 지점의 높이와 위치를 중심으로 생성되니 적절히 다양한 각도로 이동하며 생성하는 것이 좋습니다.

지형 편집기

브러시 설정

다음으로 재질을 바꿔서 강이나 빙하 바위 등을 표현해봅니다. 처음에는 원하는 모양이나 높이를 조절하기가 쉽지 않으나 계속하다 보면 요령이 생깁니다. 잘못 만들었을 때는 'ctrl+Z'를 눌러 이전 단계로 돌아갈 수 있습니다. 편집에 있는 [삭제]나 [높이기], [낮추기], [다듬기]를 이용하면 보다 자연스러운 지형을 만들 수 있습니다. 섬과 같은

2부. 교육적으로 활용이 가능한 메타버스 플랫폼

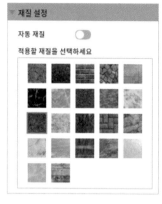

재질 선택　　　　　　　　해수면 적용 모습

지형은 [해수면]을 이용하면 쉽게 만들 수 있습니다.

　지형 편집기의 [지역] 탭에서는 만들어진 지형을 이동하거나 크기 조정, 회전, 복사 붙여넣기 등을 할 수 있습니다.

실제 지형 만들기

지형 편집기 사용이 익숙해지면 다양한 방법으로 수업에 활용이 가능합니다. 지도 데이터를 가져와서 3D 지형을 만들어보겠습니다. 먼저 국토지리정보원(www.ngii.go.kr)의 국토정보플랫폼에 들어갑니다. 통합지도검색에서 원하는 지역을 찾습니다. 지도에 마우스 우클릭하여 이미지를 저장합니다. 항공사진을 사용하기 위해서는 별도의 신청이 필요합니다.

　새로운 [baseplate]를 만들고 파트를 이용하여 넓은 판을 만들어

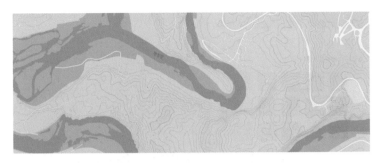

국토정보플랫폼의 한반도 지형 선안마을 지도

줍니다. 가능하다면 이미지 속성에서 [자세히] 부분에 나오는 사진 크기와 동일한 비율의 파트를 만들면 좋습니다. 파트의 크기는 속성창 [Transform]의 [size]에서 바꿀 수 있습니다.

파트 속성창(로블록스 스튜디오)   이미지 속성창(윈도우)

이미지를 넣기 위해서는 다소 복잡한 단계가 필요합니다. 하지만 천천히 따라해보면 그리 어렵지 않습니다. 먼저 파트에 [SurfaceGui]를 추가해주고 속성창 [Data] 부분의 [Face]를 [top]으로 바꿔줍니다. 다음으로 [SurfaceGui]에 [imagelabel]를 추가해주고 속성창에서 [size]를 [1,0,1,0]으로 바꿔줍니다.

탐색기		탐색기	

SurfaceGui 속성창

imagelabel 속성창

이때 게임을 한번 저장해주어야 합니다. 파일에서 [다음으로 Roblox 에 저장]을 한 후, 이름을 정해줍니다. [imagelabel]의 속성창으로 다시 돌아가 [image]를 클릭하고, [이미지 추가]를 눌러줍니다. 다운로드받은 이미지를 첨부해주면 파트 상단에 이미지가 보입니다.

이제 밑판이 준비되었으니 지형 편집기를 이용하여 입체지도를 만

이미지 추가창

이미지가 삽입된 모습

들 차례입니다. 먼저 지도와 항공사진을 참고하여 적절한 재질을 선택하여 땅의 경계 부분을 그려줍니다. 어느 정도 경계선이 그려지면 나머지 부분을 채우고 지형을 높이거나 낮추어 입체감을 줍니다. 다듬기를 사용하여 자연스럽게 만들어줍니다.

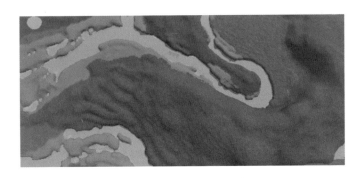

마지막으로 강을 만들 차례입니다. 해수면을 선택하고 적절한 영역을 지정한 다음에 만들기를 해줍니다. 탐색기에 [SpawnLocation]을 원하는 위치로 이동시켜 처음 시작할 위치를 조정해줍니다.

위 과정을 잘 따라왔다면 한반도 모양의 '선암마을'을 다음과 같이 완성할 수 있습니다.

2부. 교육적으로 활용이 가능한 메타버스 플랫폼

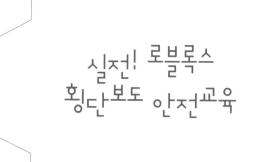

실전! 로블록스 횡단보도 안전교육

안전교육은 시설이 잘 갖춰진 안전교육 체험관에서 학생들에게 직접적인 수행 및 체험 기회를 제공하는 것이 좋습니다. 그러나 현실적으로 모든 학생에게 이런 기회를 제공하기는 어렵습니다. 그래서 이론 수업이나 영상 수업 등으로 대체되고 있습니다.

이번 절에서는 횡단보도 안전교육을 위한 가상공간을 만들면서 몇 가지 유용한 기능들과 간단한 코딩 사용법을 알아보겠습니다.

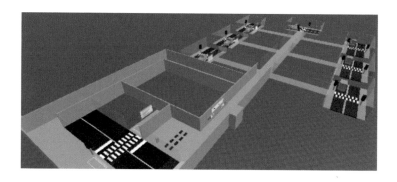

안전교육 체험관 설계도 만들기

먼저 주제를 고려하여 원하는 체험관의 모습을 구상합니다. 어떻게 체험관을 만들 것인지 구상이 끝났다면, 파트를 이용하여 길을 만들어줍니다. 텍스트나 영상, 안내판 등이 들어갈 위치를 정하고 파트를 먼저 만들어줍니다. 이때 앞서 배운 재질이나 색을 입혀 완성도를 높여도 좋습니다.

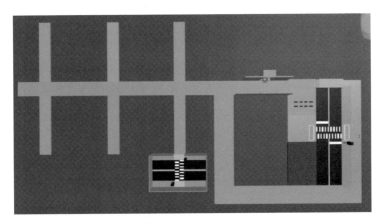

안전교육 체험관 구상 예시

파트 속성 바꾸기

안전교육 체험관을 만들기 위해서는 유리처럼 투명한 벽 형태의 파트가 필요합니다. 투명하게 속성을 변경할 파트를 선택하고 속성창의

2부. 교육적으로 활용이 가능한 메타버스 플랫폼

[Appearance]에 있는 [Transparency]의 값을 바꾸어줍니다. 0에 가까울수록 불투명하고 1에 가까울수록 투명해지므로 '0.8' 정도로 해줍니다. 재질을 유리로 바꾸면 더 완벽해집니다.

다음으로 파트를 통과하는 방법입니다. 속성창의 [Behavior]에 있는 [CanCollide]를 체크 해제합니다.

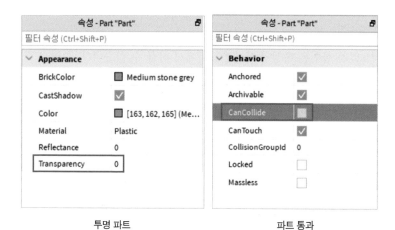

투명 파트   파트 통과

이때 [Anchored]를 체크하면 고정되어 파트가 넘어지지 않습니다. 그리고 그 아래에 있는 [Archivable]를 체크하지 않으면, 플레이할 때 파트가 사라지게 되니 특별한 경우가 아니라면 반드시 체크해야 합니다. 이 외에도 파트에 대한 많은 속성이 있고, 필요한 속성을 추가하거나 빼는 작업이 가능하니 적절히 활용하면 좋습니다.

글자 넣기

글자를 넣을 파트를 만들어줍니다. 이미지를 넣을 때와 마찬가지로 [SurfaceGui]를 추가해주고, 속성창의 [Data] 탭에 있는 [Face]를 위치에 맞게 바꿔줍니다. [SurfaceGui]에 [TextLabel]을 추가하고, 파트 크기에 맞추기 위해서는 속성창 [Data]에서 [size]를 [1,0,1,0]으로 바꿔줍니다.

글자 삽입은 속성창 아래 [Text]에서 바꿀 수 있습니다. 그리고 글자색(TextColor3), 글자크기(TextSize), 글자투명도(TextTransparency) 등도 조정할 수 있습니다. 장문의 글을 배치하기가 어렵다면 이미지 형태로 넣는 것을 추천합니다.

글자 삽입창　　　　　　　　TextLabel 속성창

신호등 코딩하기

이번에는 신호등 만들기를 통해 로블록스의 핵심 기능 중 하나인 스크립팅을 간단히 알아보겠습니다. 로블록스는 코딩 언어 중 '루아 스크립트'를 사용하며 비교적 쉬운 문법구조를 가지고 있습니다.

로블록스로 구현한 신호등과 횡단보도 모습

신호등을 만들기 위해 파트를 이용하여 직사각형, 원통형이 결합된 신호등 몸체를 만듭니다. 신호등 불은 구형 2개를 만든 뒤, 신호등 몸체 속에 적당히 넣어줍니다. 이때 앵커를 꼭 설정해주어야 합니다. 신호등 색깔에 맞게 파트 이름을 'green', 'red'로 바꾸어줍니다. 만들어진 파트들을 모두 선택하여 우클릭한 다음 [그룹]으로 만들어줍니다. 그룹이 된 모델에 [+] 버튼을 눌러 스크립트를 추가해 다음 그림과 같은 순서로 배치합니다.

탐색기에 배치된 모습   신호등 예시

스크립트 작성하기

코드 작성 중 무한반복 구문을 쓸 때는 꼭 'wait 함수'를 넣어 컴퓨터 부하를 줄여야 합니다. 'wait'을 사용하지 않으면 매우 빠른 속도로 무한반복되어 오류가 발생할 수 있으니 주의하여야 합니다.

　추가한 스크립트를 더블클릭하면 코드 입력창이 뜹니다. 다음 코드를 넣습니다.

```
local light = script.Parent

while true do
    light.green.BrickColor = BrickColor.new("Earth green")
    light.red.BrickColor = BrickColor.new("Really red")
    wait(5)
    light.green.BrickColor = BrickColor.new("Lime green")
    light.red.BrickColor = BrickColor.new("Maroon")
    wait(5)

for i =0, 5 do
    light.green.BrickColor = BrickColor.new("Earth green")
    wait(0.5)
    light.green.BrickColor = BrickColor.new("Lime green")
    wait(0.5)
end
end
```

신호등 코드

신호등에는 주로 반복문이 사용되었으며, 'local light = script. Parent'는 신호등 변수를 선언한 부분입니다. 'while true do'는 무한 반복 스크립트이고, 다음 줄부터 어두운 녹색불 활성화, 밝은 빨간불 활성화, 5초 기다리기, 밝은 녹색불 활성화, 어두운 빨간불 활성화, 5초 기다리기 순으로 명령을 내립니다.

'for i =0, 5 do'는 6번 아래의 명령을 반복수행하라는 의미로 어두운 녹색불, 0.5초 기다리기, 밝은 녹색불, 0.5초 기다리기 순으로 반복 수행합니다.

게임 설정 바꾸기

마지막으로 월드에 참여하는 플레이어들의 속력이나 점프력, 중력을

게임 플레이어 설정 바꾸기

　　　　　　　　　2부. 교육적으로 활용이 가능한 메타버스 플랫폼

설정해보겠습니다. 스크립팅으로도 가능하지만 좀 더 쉽게 게임 설정에서 바꿔봅시다. 좌측 상단 [파일]에서 [게임 설정]을 클릭합니다. 기본적으로 많이 쓰이는 중력, 점프력, 걷기속도, 경사를 수정할 수 있습니다.

　　지금까지 로블록스의 기본 기능들과 다양한 활동들에 대해 살펴보았습니다. 앞서 소개한 내용들 외에도 로블록스에는 애니메이션, 충돌이벤트, 키보드 입력처리 등 다양한 기능들이 많이 있습니다. 앞으로 로블록스와 함께 재미있고 신나는 수업을 만들어봅시다.

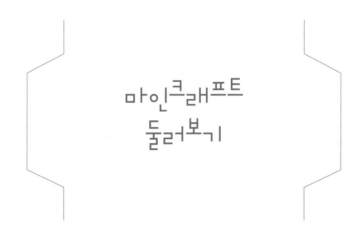

마인크래프트
둘러보기

모장(Mojang) 스튜디오에서 2011년에 정식 발매된 샌드박스 형식의 비디오게임으로 시작한 마인크래프트는 채광이라는 'Mine'과 제작이라는 'Craft'의 합성어로 2021년 2월 누적 판매량 2억 장을 돌파하며 전 세계적으로 인기를 끌고 있습니다.

우리나라에서도 2020년 5월 5일 어린이날을 맞이하여 청와대에서

청와대 랜선 행사와 항만크래프트

2부. 교육적으로 활용이 가능한 메타버스 플랫폼

어린이날 기념 랜선 초청 행사를 진행하였고, 최근에는 해양수산부에서 기존의 항만과 스마트 항만을 쉽게 비교 체험할 수 있도록 '스마트 항만 마인크래프트 맵'을 구축하는 등 마인크래프트를 통한 이벤트를 진행하고 있습니다.

최근 코로나19로 인해 대면 만남이 어려운 상황에서 마인크래프트는 언택트 시대를 이끄는 대표적 메타버스형 게임으로 다시금 주목받고 있습니다. 최근 동의대학교에서는 '2020학년도 후기 학위수여식' 일정이 취소됨에 따라 메타버스 졸업식 이벤트를 진행하기도 하였고, 초등학교에서도 마인크래프트를 통한 온라인 개학식을 진행하는 등 다양한 방법으로 마인크래프트를 활용하는 사례가 증가하고 있습니다.

마인크래프트 온라인 학교

마인크래프트 에디션

'마인크래프트'에는 여러 가지 형태의 에디션이 있습니다. 대표적인 에디션은 '자바 에디션', '베드락 에디션', '에듀케이션 에디션'입니다. '자바 에디션'은 Java 기반의 정통적인 마인크래프트로 마인크래프트 시리즈 중 가장 먼저 개발된 에디션입니다. '베드락 에디션'은 자바 에디션이 쓰는 Java가 아닌 C++로 작성된 다양한 플랫폼의 통합 형태이며, '베드락 에디션'을 기반으로 만든 교육용 에디션인 '에듀케이션 에디션'이 있습니다. 이 책에서 다룰 에디션은 '에듀케이션 에디션'입니다.

자바 에디션, 베드락 에디션, 에듀케이션 에디션

마인크래프트 '에듀케이션 에디션' 살펴보기

에듀케이션 에디션은 말 그대로 교육을 위해 별도로 만든 마인크래프트입니다. 또한 프로그래밍, 코딩 교육을 위한 요소들도 포함되는 등

SW 교육, STEAM 교육을 진행하는 데 유용한 에디션입니다.

블록형 코드빌더　　　　　　　　파이썬 코드빌더

구글이나 포털 사이트에서 'Microsoft Education(KR) - 마인크래프트 교육용 에디션'을 검색하여 클릭하면 '에듀케이션 에디션' 메인 홈페이지로 이동합니다. 이곳에 설치 프로그램, 강의, 교재, 구매 및 설치 가이드 매뉴얼이 구성되어 있어 쉽게 사용할 수 있습니다.

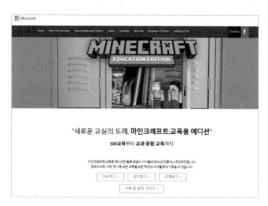

마인크래프트 에듀케이션 에디션 메인 화면

특히 마인크래프트를 처음 하는 사용자를 위한 에듀케이션 에디션 교재가 있는데, [교재보기]를 클릭하여 'Minecraft: 교육용 에디션: 교사 아카데미'에서 학습경로대로 튜토리얼을 진행하면 누구나 쉽게 마인크래프트를 사용할 수 있습니다.

[교재보기]를 클릭

[학습 경로 시작]으로 학습

마인크래프트 '에듀케이션 에디션' 구매 및 설치하기

마인크래프트 '에듀케이션 에디션'을 사용하기 위해서는 '에듀케이션 에디션' 계정을 구매해야 합니다. 구매하지 않아도 Office 365 for education 계정으로 10회 정도 체험판으로 사용할 수 있습니다. 하지만 기능을 활용하는 데 제약이 있으므로 계정을 구매해 사용하는 것을 추천합니다.

먼저 '에듀케이션 에디션' 계정을 만들기 위해서는 Office 365 for education 계정을 만들어야 합니다. 에듀케이션 에디션의 경우 지역 교육청에서 지원하는 경우가 있으니, 소속 교육청에 확인해보시면 좋습니다. 예를 들어 충청남도 교육청에서는 Office 365 for education 과 사용 계약이 되어 있어, 학교별 관리계정을 통해 쉽게 Office 365 for education 계정을 만들 수 있습니다. 만약 교육청 지원이 없다면, 간단한 5-step을 통해 무료로 Office 365 for education 계정을 만들 수 있습니다.

Office 365 for education 계정 만들기 절차

2 마인크래프트 설치

교육용 마인크래프트 설치하기

Minecraft Education Edition의 windows 10 또는 macOS 버튼을 누르시면 운영체제에 적합한 파일이 다운로드됩니다. 그 안에 Code Connection과 Classroom Mode도 포함되어있으므로 따로 Code Connection과 Classroom Mode 파일을 다운받으실 필요는 없습니다.

파일 확인하기

다운로드 된 파일을 압축풀면 아래의 이미지처럼 파일들이 있습니다.

에듀케이션 에디션 설치하기

Office 365 for education 계정이 생성되었다면, 마인크래프트 에듀케이션 에디션을 구매해야 합니다. 연간 5달러를 지불하고 라이선스를 구매할 수 있습니다. 따라서 구매 절차에 따라 성함, 소속 학교, 지역을 기입하여 'team@microsoft-edu.com'으로 메일을 보내 절차에 따라 계정을 구매하면 됩니다.

마인크래프트 에듀케이션 에디션 라이선스까지 구매했다면 이제 설치하여 사용해보도록 하겠습니다.

'에듀케이션 에디션' 살펴보기

마인크래프트 '에듀케이션 에디션'을 로그인하면 플레이, 신규 및 특

로그인 화면

징, 설정, 계정 전환의 4가지 항목을 확인할 수 있습니다. 이때 플레이 버튼을 누르면 [내 월드 보기], [라이브러리 보기], [새로 만들기], [월드에 참여하기], [가져오기]의 기능을 활용할 수 있습니다.

내 월드 보기

[내 월드 보기]는 그동안 사용하여 저장된 월드 목록을 살펴볼 수 있습니다.

라이브러리 보기

[라이브러리 보기]에는 주제 키트, 매월 빌드 챌린지, 스타트 월드, 플레이 방법 등 마인크래프트를 쉽게 사용할 수 있는 안내 매뉴얼이 있습니다.

플레이

새로 만들기

[새로 만들기]는 기존에 사용했던 월드가 아닌 새로운 월드를 만들고 싶을 때 사용하며, 신규 또는 템플릿을 선택할 수 있고, 신규 월드를 만드는 경우 서바이벌, 크리에이티브 모드를 선택할 수 있습니다.

신규 및 특징 컬렉션

월드에 참여하기

[월드에 참여하기]는 친구들과 함께 플레이하고 싶을 때 사용하며, 참여 코드를 공유해 하나의 월드에서 친구들과 함께 탐험할 수 있습니다.

가져오기

[가져오기]는 다른 컴퓨터에 저장된 월드를 사용할 때 활용합니다. '.mcworld'의 확장자를 가지고 있으며, 최근에는 베드락에서 저장된 파일도 불러올 수 있는 등 호환성이 개선되고 있습니다.

신규 및 특징 컬렉션(Hour of code)은 라이브러리에 새로 추가된 강의와 월드, 월간 하이라이트 및 역대 즐겨찾기를 포함하고 있습니다. 설정에서는 키보드 및 마우스, 터치 등의 컨트롤 제어와, 프로필, 비디오, 오디오, 글로벌 리소스 등 일반적인 설정을 조절할 수 있습니다.

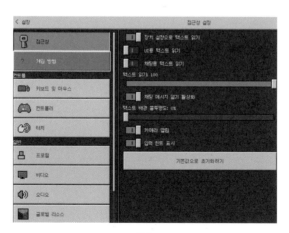

설정

계정 전환은 로그아웃을 통해 다른 계정을 사용할 수 있도록 구성되어 있습니다.

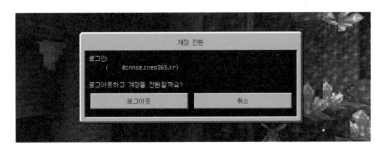

계정 전환

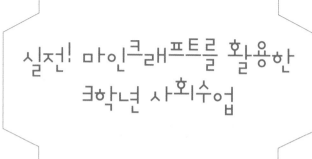

실전! 마인크래프트를 활용한 3학년 사회수업

처음에 마인크래프트를 시작했던 때가 생각납니다. 어떻게 할 줄 몰라 이리저리 돌아다니다 밤이 되니 좀비가 나타나 공격하기 시작합니다. 도망 다니다가 죽기도 하고 무기로 방어를 하기도 했습니다. 그러면서 마인크래프트의 생태계를 이해하였고, 나도 모르게 주변의 위협으로부터 나를 보호할 집을 만들기 시작했습니다.

처음에는 저녁에 잠시 피신하기 위해 동굴을 찾아다녔고, 기술이 발전되고 더 강한 도구들을 찾게 되면서 그럴싸한 집에 침대까지 만들어 밤에도 위험하지 않게 되었습니다.

스켈레톤을 만나다

우리 사회의 생활 모습이 담긴 마인크래프트

3학년 2학기 사회 2단원 '시대마다 다른 삶의 모습'은 옛날과 오늘날의 생활 모습을 의식주에 따라 비교하는 단원입니다. 옛날과 오늘날은 생활 도구, 집의 모습, 세시 풍속 등에서 다양한 차이를 가지고 있습니다.

교육부 디지털 사회교과서

마인크래프트를 활용하면 사람들이 사는 집의 모습이 어떻게 변화되었는지 자연스러운 시대 흐름에 따라 표현할 수 있습니다.

먼저 마인크래프트를 시작하면 아무것도 없는 빈털터리 상태가 됩니다. 마치 구석기시대의 모습과 비슷하다고 볼 수 있습니다. 양손에 주어진 것은 아무것도 없으며, 대니얼 디포의 장편소설 『로빈슨 크루소』의 주인공처럼 무인도에 있는 느낌마저 듭니다.

2부. 교육적으로 활용이 가능한 메타버스 플랫폼

옛날 사람들의 모습
출처: 교육부 디지털 사회 교과서

뼈를 들고 있는 모습

아무것도 없이 시작하다 보니 주변의 위험한 동물이나 좀비를 피할 곳이 필요하게 됩니다. 도구나 무기가 없기 때문에 자신을 보호할 곳을 찾기 마련입니다. 옛날 사람들이 동굴이나 바위 그늘에 살게 된 것은 매우 자연스러운 결과인 것 같습니다. 저 또한 주변 동굴이나 절벽을 찾게 되었기 때문입니다.

그렇게 주변의 동물과 좀비를 피해 하룻밤을 보내고 나니 배도 고프고 추위도 견뎌야 했습니다. 그래서 동물을 잡거나 위협으로부터 보호하기 위해 칼을 만들게 됩니다. 또한 부싯돌 등을 이용해 불을 피워 동굴을 따뜻하게 만들게 됩니다.

충북 단양 금굴

동굴을 찾아가는 과정

불을 피운 동굴

나무칼을 만든 모습

칼을 만들어 양을 잡아 먹을 고기를 구합니다. 식량을 구했는데 아쉬운 점이 있습니다. 동굴에는 밤에 거미나 좀비가 나타나서 괴롭히기 때문입니다. 그래서 도끼를 만들어 간단한 집을 만들어보기로 했습니다.

이제 집도 만들다 보니 조금씩 욕심이 생깁니다. 더 좋은 집에 살고 싶고 동물을 잡으러 멀리 이동하고 싶지도 않은 것이지요. 이번에는 벼를 발견하게 되었습니다. 그래서 더 이상 이동하지 않고 한곳에 머물러 정착하게 되었습니다.

가축장을 만들어 소, 닭 등을 키워 벼와 함께 정기적으로 고기를

2부. 교육적으로 활용이 가능한 메타버스 플랫폼

움집

마인크래프트 움집

출처: 교육부 디지털 사회교과서

초가집

농사 짓기

가축 기르기

기와집

얻습니다. 흙을 구워 기와를 만드는 기술을 바탕으로 지붕이 튼튼한 기와집도 만들게 되었습니다. 이러한 생활은 점점 삶을 윤택하게 만들어줍니다.

현대의 아파트　　　　　　　　　마인크래프트 아파트

마구간, 가축시설, 양봉장, 농장을 갖춘 나만의 한옥월드

　삶의 모습과 생활이 발전합니다. 철광석, 금, 레드스톤, 다이아몬드 등을 발견하면서, 이제는 나무에서 돌을 넘어 철을 사용할 줄 아는 시대로 발전하게 되었습니다. 또한 교통의 발달로 도시가 발달하면서 집의 형태도 급격히 바뀌게 되었습니다.

　예전에는 그저 집의 주거 형태를 외우기에 급급했던 아이들이 마인크래프트를 활용한 수업을 진행하며, 주거 형태 변화에 대해 자연스럽게 이해하는 모습을 보입니다. 메타버스 공간을 탐험하며, 동굴부터 아파트까지 발전하는 형태를 직접 체험하였기에, 경험으로 익힌 개념을 잊을 수 없게 된 것이죠.

여러분도 나만의 작은 세상을 만들어보면 어떨까요?

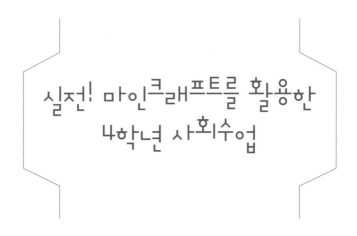

실전! 마인크래프트를 활용한 4학년 사회수업

"선생님! 사회수업은 왜 이렇게 재미가 없고 하기 싫을까요?"

사회 시간만 되면 한 여학생이 늘 하는 이야기입니다. 2015년 자료이지만, 초등 가정학습 프로그램인 '아이스크림 홈런'이 조사한 통계에 따르면, 초등학교 3~6학년 응답자 중 좋아하는 과목 선호도는 과학(48%), 국어(20%), 사회(18%), 수학(14%) 순으로 나타났습니다. 즉 100명 중 18명만이 사회를 가장 좋아한다고 이야기한 것입니다. 그만큼 초등학생에게 사회는 선뜻 선호의 대상이 되는 교과가 아닌 것 같습니다.

저 또한 초등학생이 사회교과를 싫어한다는 것을 매년 느낍니다. 특히 2021년 4학년 학생들의 담임을 맡으면서 사회 수업을 진행할 때마다 지루해하고 관심 없어 하는 아이들의 모습을 보며 조금 안타깝기도 합니다. 4학년 1학기 1단원은 지역의 위치와 특성을 가르치는 단원입니다. 저는 1단원을 시작하면서부터 학생들이 보여주는 지루함과 재미없어 하는 모습과 싸우게 되었고, '사회 수업에 대한 잘못된 편견을 바꿔야겠다'는 다짐을 하게 되었습니다.

초등학교 3~4학년군은 교육심리학자 피아제(Piaget)의 아동발달단계에 따르면 구체적 조작기입니다. 구체적 조작은 피아제가 아동의 사고과정에서 나타나는 논리적 특성을 설명하거나, 아동이 이상적인 상태에서 사고하고 추리하는 방법을 설명하고자 대수학에서 빌려온 아이디어로, 구체적 대상이나 상황에 사고의 근거를 두는 것입니다.

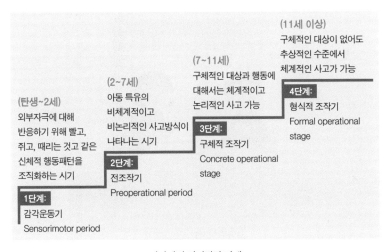

피아제의 인지발달 단계

즉 4학년 학생들에게 사회 수업의 흥미도를 높이기 위해서는 구체적인 대상을 직접 사용하게 하면서 인지적 사고를 발달시켜줘야 합니다. 이번에는 마인크래프트를 활용한 사회 수업을 통해, 구체적인 대상을 활용한 학습을 진행해보겠습니다. 학생들의 학습 흥미도를 높이면서, 학습 목표를 달성해보도록 하겠습니다.

마인크래프트로 방위표의 필요성을 알고 지도 만들기

교과서를 잠깐 살펴볼까요? 혜진이와 현우는 떡볶이 가게에서 만나기로 약속했는데, 만나지 못했습니다.

교육부 디지털 사회교과서

혜진이와 현우가 만나지 못한 이유는 서로가 생각하는 앞쪽, 뒤쪽, 오른쪽, 왼쪽이 달랐기 때문입니다. 교과서 속 혜진이와 현우의 이야기는 '방위표'가 필요한 이유에 대한 동기부여로 활용된 사례입니다.

따라서 학생들에게 방위표가 필요한 이유를 구체적으로 경험해볼 수 있도록, 마인크래프트 상황 속에서 서로가 혜진이와 현우가 되어보는 활동을 진행합니다. 준비물은 FINTROPOLIS 템플릿([라이브러리 보기] - [주제키트] - [디지털 시민권] - [FINTROPOLIS])과 아이템(빈 위치 지도정보, 나침반)입니다.

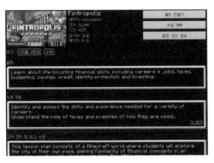

FINTROPOLIS 템플렛

빈 위치 지도정보

나침반

먼저 친구들과 함께 FINTROPOLIS 템플릿으로 입장합니다. 그러면 다음 그림처럼 안내하는 NPC와 함께 위치하게 될 것입니다.

NPC와 가볍게 인사한 후, 각자 도시를 탐험해보고 학생들로 하여

FINTROPOLIS 입장 시 첫 화면

금 자신이 원하는 건물에 가서 있도록 합니다. 그런 다음, 주변 친구들에게 자신이 있는 건물의 위치를 오른쪽, 왼쪽, 위쪽, 아래쪽의 단어를 사용해서 친구들이 내가 있는 곳으로 올 수 있도록 안내합니다.

3~5분의 시간을 주고 서로가 있는 곳을 찾는 활동에 대한 소감을 발표해봅니다. 대부분 학생은 친구가 말해주는 방향으로는 건물을 찾기가 어렵다고 이야기합니다. FINTROPOLIS는 거대한 도시이기 때문에 대략적인 설명으로는 건물을 찾기 어렵기 때문입니다. 따라서 이러한 경험을 바탕으로 학생들이 방위표가 있어야 함을 스스로 깨닫게 합니다. 이렇게 방위표의 필요성을 알게 한 후 마인크래프트 지도를 활용하여 방위표의 개념을 익히도록 합니다.

먼저 마인크래프트 빈 위치 지도정보와 나침반 아이템을 사용하여 지도를 제작하는 방법을 소개합니다. 이때 가능하다면 크리에이티브 모드로 진행할 것을 권장합니다. 서바이벌 모드에서는 지도와 나침반을 만드는 시간이 오래 걸리기 때문입니다.

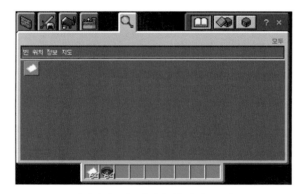

빈 위치 지도정보와 나침반을 가져온 그림

첫째, 단축키 [E]를 눌러 인벤토리 창으로 이동합니다. 크리에이티브 모드에서는 모든 인벤토리를 사용할 수 있기 때문에, 검색을 활용해서 인벤토리 창에서 빈 위치 지도정보와 나침반을 가져옵니다.

둘째, 빈 위치 지도정보의 1번 슬롯을 우클릭하면 내가 위치한 지리적 정보와 나의 현재 위치가 표시되어 지도(3번 슬롯)에 나타납니다.

빈 위치 지도정보와 나침반을 가져온 그림

셋째, 친구들과 함께 지도를 보면서 방위표에 따라 동서남북 용어를 사용하면서 위치를 비교해봅니다.

＊ 그림2의 나는 그림1을 기준으로 서쪽에 위치하고 있습니다.

그림1   그림2

마인크래프트로 다양한 경제적 교류 체험하기

교육부 디지털 사회교과서

4학년 2학기, 사회 2단원 '필요한 것의 생산과 교환' 두 번째 주제인 '교류하며 발전하는 우리 지역'에서는 경제적 교류가 생기는 까닭을 알아보는 차시가 있습니다.

개인이나 지역이 경제적 이익을 얻기 위해 물건, 기술, 정보 등을 서로 주고받는 것을 경제적 교류라고 하며, 경제적 교류의 방법에는 대중매체를 이용한 경제적 교류, 대형 시장을 이용한 경제적 교류, 지역 간 대표 자원의 경제적 교류, 다양한 문화활동과 함께하는 경제적 교류, 촌락과 도시의 생산물에 따른 경제적 교류 등이 있음을 이해하는 내용으로 구성되어 있습니다.

이 중 시장 또는 대형 시장을 이용한 경제적 교류는 옛날부터 꾸준히 활용되었던 방법인데, 4학년 학생들에게는 현장에서 체험을 통해 경제적 교류를 익힐 수 있는 좋은 방법이 됩니다. 하지만 코로나19로 인해 외부 활동이 제한되는 요즘, 마인크래프트를 통한 경제적 교류 체험 활동이 대안이 될 수 있습니다.

2부. 교육적으로 활용이 가능한 메타버스 플랫폼

마인크래프트에는 다양한 '바이옴'이 있습니다. 바이옴은 독특한 지리적 특징, 식물 및 동물에 의해 구분되는 지역을 의미하는데, 강, 네더, 늪지대, 대초원, 바다, 사막, 숲, 얼음 평야, 정글, 황무지 등 다양한 자연환경을 구성하고 있습니다. 이러한 자연환경의 차이로 인해 바이옴에 맞는 생산활동이 이루어집니다. 바이옴의 차이에 따른 생산활동은 다른 바이옴에 있는 학생들과의 교류를 이끌며, 이를 통해 학생들은 경제적 교류를 체험할 수 있습니다.

마인크래프트 [라이브러리 보기] - [스타터 월드] - [바이옴]을 선택하면 아래 그림과 같이 다양한 바이옴의 형태를 살펴볼 수 있습니다.

다양한 바이옴

원하는 바이옴을 선택하여 월드를 만들면, 선택한 바이옴이 펼쳐진 월드에서 탐험을 시작하게 됩니다. 여기서는 강 바이옴 월드를 만들어보겠습니다.

강 바이옴 월드 만들기

강 바이옴 시작 장면

2부. 교육적으로 활용이 가능한 메타버스 플랫폼

월드를 만들었으면, 경제적 교류 활동을 하기 위해 강 바이옴에 다른 친구들을 초대해야 합니다. 따라서 [ESC] 키를 눌러 다음과 같은 화면에서 호스팅을 해야 합니다.

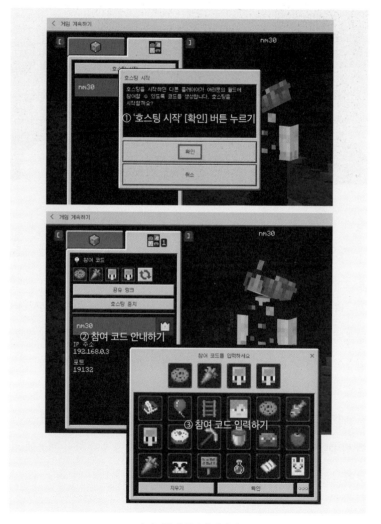

강 바이옴에 친구 초대하기

강 바이옴 마을

다른 친구들은 참여코드 입력하기를 통해 '강 바이옴 월드'에 입장할 수 있습니다. 이때 주의할 점은 인터넷 주소가 동일해야 한다는 점입니다. 호스트의 와이파이 주소와 참여자의 와이파이 주소가 다르면 월드에 입장할 수 없으며, 마인크래프트의 버전이 다른 경우에도 월드 입장이 어렵습니다. 따라서 먼저 교실에서 와이파이 주소와 마인크래프트 버전이 동일한지 확인하기 바랍니다.

이렇게 강 바이옴에 친구들이 참여하면, 각자 원하는 바이옴을 향해 탐험을 시작합니다. 마인크래프트 월드는 매우 방대하기 때문에 설정에서 좌표보기 설정을 통해 방향을 잃지 않도록 미리 안내하는 것이 좋습니다.

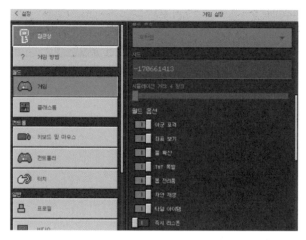

좌표 보기 설정하기

월드가 워낙 크다 보니 각 바이옴에서 생산한 생산품들을 가지고
경제적 교류를 진행하기엔 시간이 너무 많이 걸립니다. 따라서 채팅

채팅으로 순간이동하기

명령어로 순간이동하기

설정에 있는 순간이동을 이용하거나 채팅 명령어(/tp: 대상플레이어 또는 위치)를 입력하면 시간을 단축시켜 경제적 교류를 진행하기가 훨씬 수월합니다.

한곳에 모인 친구들은 각 바이옴에서 가져온 생산품을 사고 팔아 물물교환을 합니다. 마인크래프트에는 화폐가 없으니 금이나 철광석 등으로 화폐단위를 지정해 교류하도록 하는 것도 좋은 방법입니다.

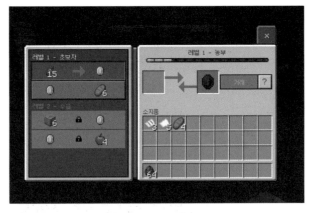

농부와 물물교환하기

마인크래프트 시장

사회를 좋아하지 않던 반 아이들은 마인크래프트를 통해 사회 수업을 아주 재미있어 하게 되었습니다. 하나의 월드에 모두가 참여하여 프로젝트를 진행하는 과정은 재미와 협동심을 향상시킵니다. 처음에는 의견충돌도 있고 다투기도 했지만, 이제는 과제가 주어졌을 때 서로 의사결정을 하면서 문제를 해결하는 모습을 보여줍니다.

마인크래프트를 통한 사회 수업은 개념을 간접 체험으로 이해할 수 있는 좋은 도구이며, 코로나19 상황에서 제한될 수밖에 없는 교실 수업을 메타버스 속에서 확장시킨다는 점에서 매우 유용합니다.

7장

UR로 만나는 메타버스 세상
: 코스페이시스

〈아바타〉, 〈레디 플레이어 원〉, 〈써로게이트〉 등 여러 영화에 메타버스 세계가 등장합니다. 현실 속에서 가상의 인물들이 살아 움직이기도 하고, 완전한 가상의 세계에서 사람들이 서로 영향을 주고받기도 합니다. 영화 속에서만 가능했던 여러 기술을 이제 우리 주변에서 가상현실과 증강현실이라는 이름으로 쉽게 만나볼 수 있습니다.

가상현실과 증강현실을 만들기 위해 유니티(Unity)나 리액트 네이티브(React Native) 같은 플랫폼을 활용할 수 있습니다. 이 플랫폼들은 텍스트 코딩 언어인 C#, JavaScript를 사용하며, 수준 높은 가상현실과 증강현실 작품들을 쉽고 빠르게 만들 수 있도록 도와줍니다.

그러나 이 플랫폼들을 사용하기 위해서는 3D 모델링에 대한 이해가 필요하며 C#, JavaScript라는 텍스트 코딩에 익숙해야 합니다. 교육 현장에서 학생들과 함께 가상현실, 증강현실 콘텐츠를 만들고 수업에 활용하려는 교

사들에게 이는 분명 큰 부담입니다. 이러한 부담을 덜고, 교사와 학생이 가상
현실과 증강현실의 단순한 소비자가 아닌 '소비자이자 생산자'가 될 수 있는
방법은 없을까요?

코스페이시스 웹페이지 화면

교사와 학생이 코스페이시스(cospaces)를 활용한다면 텍스트 코딩에 대
한 부담 없이 가상현실과 증강현실을 제작할 수 있습니다. 코스페이시스는
가상현실과 증강현실의 제작 및 체험을 제공하는 웹 기반 교육 플랫폼입니
다. 웹페이지(https://cospaces.io/edu/)에서 가상현실과 증강현실 콘텐츠를
만들 수 있으며 체험할 수 있습니다.

유니티, 리액트 네이티브와 비교되는 코스페이시스만의 주요 특징은 다
음 3가지가 있습니다.

1. 가상세계 제작을 위한 손쉬운 도구 제공

유니티와 리액트 네이티브를 활용하면 가상세계를 빠르게 제작할 수 있

습니다. 하지만 전문 기술이 필요하기에 교육 현장에서 학생과 교사가 활용하기에는 큰 부담이 됩니다. 코스페이시스는 다양한 배경과 오브젝트가 기본적으로 제공되고 화면 구성이 직관적이라서 학생이 손쉽고 부담 없이 자신의 아이디어를 표현할 수 있습니다. 또한 간단한 절차와 방법으로 자신이 만든 가상세계와 증강현실세계를 체험할 수 있습니다.

코스페이시스의 손 쉬운 화면 구성

2. 코블록스 블록 코딩 기능 제공

코스페이시스는 단순히 가상의 공간을 만드는 데서 그치지 않습니다. 배치한 오브젝트에 코딩을 통해 저마다 고유한 동작과 기능을 부여할 수 있습니다. 텍스트 코딩 언어를 사용해야 하는 다른 플랫폼들과 달리 코스페이시스는 학생들에게 익숙한 블록형 코딩을 제공합니다. 학생은 이 블록 코딩을 활용해 코스페이시스 속 가상세계를 살아 움직이게 만들 수 있습니다.

블록형 코딩

3. 완성한 작품을 VR/AR로 쉽게 체험 가능

오큘러스 같은 전문 VR 기기를 필요로 하는 다른 플랫폼들과 달리 코스

페이시스는 특별한 장비가 필요하지 않습니다. PC 또는 스마트폰으로 내가

만든 또는 친구들이 만든 가상세계의 링크를 열거나 공유 코드를 입력하기

만 하면 쉽게 체험이 가능합니다.

가상세계 체험 장면

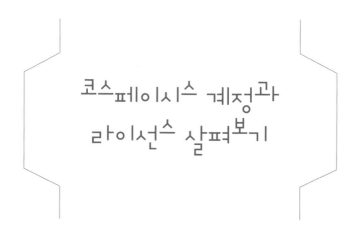

코스페이시스를 교육에 활용하기 위해서는 몇 가지 준비가 필요합니다. 먼저 교사 계정이 있어야 하며, 진행하려는 수업과 맞는 라이선스도 필요합니다. 이번 절에서는 코스페이시스 교사 계정을 만드는 방법과 코스페이시스에서 제공하는 라이선스 정책, 체험판을 활성화하는 방법을 살펴보겠습니다.

코스페이시스 회원가입하기

학생이 코스페이시스에 가입하기 위해서는 먼저 선생님이 코스페이시스에 가입되어 있어야 합니다. 회원가입을 위해 코스페이시스 홈페이지에 접속해보겠습니다.

검색으로 코스페이시스 접속하기

인터넷에서 '코스페이시스'를 검색해 코스페이시스 홈페이지를 선택합니다. 인터넷 주소창에 'cospaces.io'를 입력해도 됩니다.

선생님 새 계정 만들기

2부. 교육적으로 활용이 가능한 메타버스 플랫폼

회원가입을 위해서 코스페이시스 홈페이지의 오른쪽 상단에 있는 [등록하다] 버튼을 클릭하면 새 계정의 유형을 선택하는 화면이 나옵니다. [선생님]을 선택한 후 [만 18세 이상입니다]를 클릭합니다.

약관 화면에서 스크롤을 끝까지 아래로 내리면 [동의합니다] 버튼이 활성화됩니다. 활성화된 [동의합니다] 버튼을 클릭합니다.

약관 동의하기

코스페이시스는 구글 등 다른 계정과 연동시킬 수 있고, 새로 계정을 만들 수도 있습니다. 원하는 방법을 선택하여 회원가입을 진행합니다.

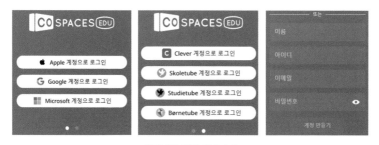

회원가입 방법 선택하기

마지막으로 회원가입에 사용한 메일주소의 유효성을 검사해야 합니다. 회원가입 시 입력한 메일주소로 코스페이시스에서 보낸 메일이 도착했을 것입니다. 메일을 열어 [Confirm] 버튼을 누르고 코스페이시스 홈페이지로 돌아가 [Continue] 버튼을 누르면 회원가입이 완료됩니다.

회원가입 이메일 유효성 검사

코스페이시스 라이선스 정책 비교

코스페이시스는 무료인 베이직(Basic) 라이선스와 유료인 프로(Pro) 라이선스 정책을 가지고 있습니다. 회원가입을 완료한 계정은 기본적으로 베이직 라이선스를 가지며, 코스페이시스를 활용해 작품을 만들고 체험할 수 있으나, 몇 가지 제약이 있습니다.

베이직 라이선스로는 학급을 1개만 만들 수 있으며, 코스페이시스 공간도 2개로 제한됩니다. 또한 코스페이시스 공간을 제작할 때 사용할 수 있는 오브젝트 종류와 코딩 블록도 제한됩니다.

프로와 베이직 라이선스의 구체적인 차이는 다음과 같습니다.

	BASIC	PRO
사용 가능한 CoSpaces 수	2 코스페이스	제한 없는
CoSpaces 내부의 장면 수	제한 없는	제한 없는
이용 가능한 수업 수	1개 수업	제한 없는
사용 가능한 과제 수	과제 1개	제한 없는
3D 개체 라이브러리에 액세스	제한된	제한 없는
외부 멀티미디어 파일 업로드	CoSpace당 파일 10개	제한 없는
CoBlock을 사용한 코드	기본 코블록	제한 없는

베이직과 프로 라이선스 정책 비교

체험판 활성화하기

프로 라이선스를 사용하기 위해서는 직접 유료 결제를 하는 방법도 있지만, 체험판을 활성화하여 30일간 프로 라이선스를 사용해볼 수도 있습니다. 체험판은 교사 계정 1개당 한 번만 사용 가능합니다.

체험판을 활성화하기 위해 메인 화면에서 [프로로 업그레이드하기] 메뉴를 클릭한 후, [코스페이시스 에듀 프로 갖기] 창이 뜨면 [체험판 활성화하기]를 클릭합니다.

[체험판 활성화하기]를 클릭하면 체험판 코드를 입력하는 창이 열립니다. 이곳에 체험판 코드를 입력하면 프로 체험판이 활성화됩니다.

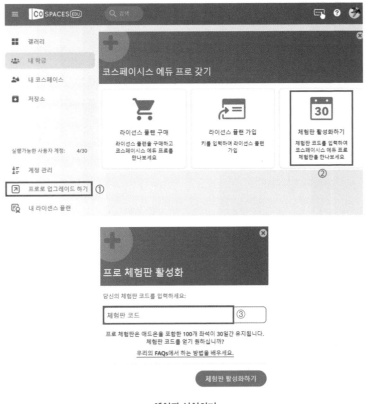

체험판 신청하기

2부. 교육적으로 활용이 가능한 메타버스 플랫폼

체험판 코드는 코스페이시스 대사(CoSpaces Edu Ambassadors)에게서 받을 수 있습니다. 코스페이시스 홈페이지에서 [대사]를 클릭하여 [대한민국] 국기를 선택하면, 우리나라에서 코스페이시스 대사로 활동 중인 선생님들을 확인할 수 있습니다.

그중 한 분으로부터 코스페이시스 체험판 코드를 받아 입력하면 프로 버전을 30일간 사용할 수 있습니다.

깃발을 클릭하면 지역별 대사를 볼 수 있습니다.

체험판 코드 받기

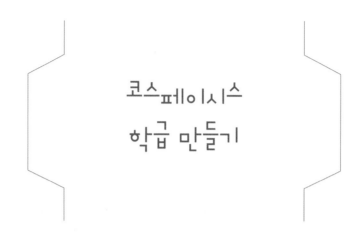

코스페이시스 학급 만들기

교사(선생님) 계정이 준비되었으면 본격적으로 학급을 만들어 학생들과 수업을 진행할 수 있습니다. 이번 절에서는 학급을 만들어 학생들을 초대하고 과제를 부여하는 방법을 살펴보겠습니다.

학급 만들기

코스페이시스에서 [내 학급] 탭으로 이동합니다. [내 학급] 탭에서 [학급 만들기]를 클릭하면 새 학급 만들기 팝업창이 뜹니다. 팝업창에 학급 이름을 입력한 후, [지금 만들기] 버튼을 클릭합니다.

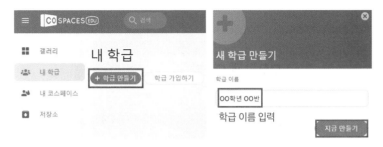

새 학급 만들기

　　그러면 학급이 만들어지며 학생 추가 팝업창이 열립니다. [존재하
는 학생 추가하기]는 이미 회원가입이 완료된 다른 학급의 학생을 추
가하는 메뉴입니다. 코스페이시스를 활용한 수업이 처음이거나 학생
들이 아직 회원가입을 하지 않았다면 신경 쓰지 않아도 됩니다.

학생 추가 팝업창

　　이 팝업창에서 눈여겨봐야 할 것은 학급 코드입니다. 학급 코드는
학생들이 회원가입을 하기 위해 필수로 입력해야 하는 코드입니다. 원
활한 수업 진행을 위해 학급 코드를 따로 저장해두어도 좋습니다. 만

학급 코드 확인하기

약 학급 코드를 저장하지 못했거나 학급 코드가 기억이 나지 않는다면, 내 학급 탭에서 언제든지 다시 확인할 수 있습니다.

학생 회원가입하기

학생이 코스페이시스에 가입하는 방법은 간단합니다. 학급 코드와 이름, 아이디, 비밀번호만 입력하면 계정을 손쉽게 만들 수 있습니다.

교사 회원가입 방법과 마찬가지로 코스페이시스 메인 화면에서 [등록하다]를 클릭합니다. 다음 화면에서 학생을 클릭하면 학급 코드를 입력하는 페이지가 열립니다. 교사가 학급을 만들 때 생성된 학급 코드를 입력한 후, [계속하기]를 클릭합니다.

학생도 교사와 마찬가지로 구글 등 다른 계정과 연동시켜 가입할 수 있고, 새로 계정을 만들 수도 있습니다. 원하는 방법을 선택하여 회원가입을 진행합니다.

학생 회원가입하기

회원가입 방법 선택하기

이렇게 만든 학생 계정은 기본적으로 교사 계정과 같은 라이선스를 부여받습니다. 교사 계정이 베이직 라이선스이면 학생도 베이직 라이선스를 받으며, 교사가 체험판을 활성화해 프로 라이선스를 가지고 있다면 학생도 프로 체험판 라이선스를 갖게 됩니다.

이제 학생은 가입한 계정을 통해 코스페이시스에서 선생님이 만든 과제를 수행하거나 자신만의 코스페이시스 공간을 만들 수 있습니다.

학급 관리하기

교사는 [내 학급] 페이지에서 학생들을 관리할 수 있습니다. 내 학급에서 [학생] 탭을 누르면 현재 학급에 등록된 학생 목록을 확인할 수 있습니다. 학생 이름 오른쪽의 […] 버튼을 눌러 학생을 삭제하거나, 학생의 비밀번호를 바꿀 수 있습니다.

학생 목록 확인 및 관리하기

내 학급 관리 - 실행 가능한 사용자 계정수

프리 플레이 - 개인 코스페이스 만들기

　　여기서 학생 삭제는 해당 학생을 단순히 학급에서 제외하는 것을 뜻합니다. 학급에서만 제외되었을 뿐, 학생 계정에 부여된 라이선스는 살아 있기 때문에 학생 계정을 삭제해도 실행 가능한 사용자 계정수가 줄지 않습니다. 또한 삭제한 학생 계정으로 로그인해보면 학급에만 참여할 수 없을 뿐, 개인 공간에서 코스페이스를 만들 수 있습니다.

이 방법으로 학급에서 삭제된 학생은 [학생 추가] 버튼을 이용해 언제든 다시 학급에 추가할 수 있습니다.

학급에서 삭제된 학생 다시 추가하기

학생에게 부여된 라이선스 자체를 삭제하려면, [계정 관리] 탭에서 학생을 삭제해야 합니다. [계정 관리] 탭에서 학생 이름 오른쪽의 […] 버튼을 누르면 추가 메뉴가 나타납니다. 여기서 [라이선스로부터 제거하기]를 클릭하면 해당 학생에게 부여된 라이선스가 삭제됩니다.

학생에게 부여된 라이선스 삭제하기

실행 가능한 사용자 계정수 확인하기

라이선스가 삭제된 학생은 로그인을 해도 학급에 참여할 수 없고 개인 공간에서도 코스페이스를 만들 수 없으며, 교사가 다시 학급에 추가할 수도 없습니다.

이 밖에도 [계정 관리] 탭에서 학생 이름 오른쪽의 […] 버튼을 눌러 학생 계정의 비밀번호를 바꾸거나, 공유 권한을 바꿀 수 있습니다. 여기서 학급의 학생들에게 공유 권한을 부여해야 학생들이 서로의 작품을 공유하고 체험할 수 있습니다.

과제 만들기

학급에 가입한 학생은 코스페이시스 작품을 만들 수 있는 개인 공간을 제공받습니다. 여기서 만들어진 학생의 작품을 교사가 확인하려면 학생 목록에서 학생의 이름을 하나하나 클릭해 들어가야 합니다. 이 방법으로 교사는 학생 개개인의 작품을 볼 수 있으나, 학생 전체의 작품이나 작업 상황을 한눈에 볼 수는 없습니다. 이런 문제점을 과제 만들기 기능으로 해결할 수 있습니다.

과제 만들기 기능 사용하기

과제 만들기 기능은 교사에게 학생들이 만든 작품을 한눈에 볼 수 있는 페이지를 제공합니다. 내 학급에서 [과제 만들기] 버튼을 클릭하면 새 과제를 만들 수 있는 창이 열립니다.

새 과제 만들기 창에서 장면 유형과 과제 제목, 지도 내용을 작성합니다. 장면 유형은 [3D 환경]과 [360˚이미지], [학생이 선택하게 하기] 중 하나를 선택할 수 있으며, 프로 라이선스의 경우 머지 큐브라는 메뉴가 추가됩니다.

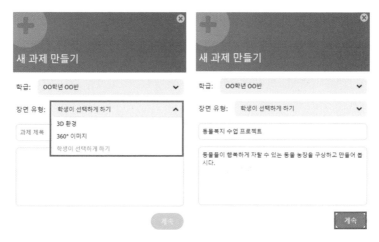

새 과제 만들기

장면 유형과 과제 제목, 지도 내용을 작성하고 계속 버튼을 누르면 과제를 누구에게 배정할지 묻는 창이 열립니다.

[개별 학생]은 학생 개개인에게 과제를 수행할 수 있는 공간을 하

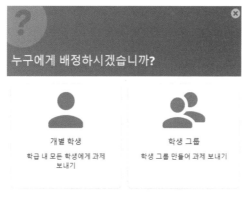

과제 배정 대상 정하기

나씩 배정하는 방식입니다. 이 방식으로 과제를 배정하면 학생은 혼자 자신만의 작품을 만들 수 있으며, 다른 친구들과 협업할 수 없습니다.

[학생 그룹]은 몇 명의 학생을 하나의 그룹으로 묶은 후, 그룹별 과

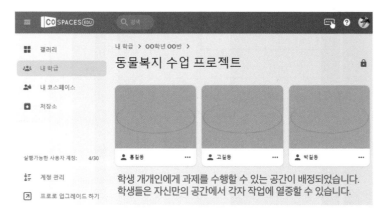

[개별 학생]에게 배정하기

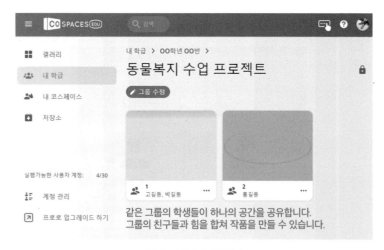

[학생 그룹]에게 배정하기

제를 수행할 수 있는 공간을 하나씩 배정하는 방식입니다. 이 방식으로 과제를 배정하면 같은 그룹의 학생들이 한 공간에서 협업할 수 있습니다.

[학생 그룹]을 선택하면 그룹을 편성하는 창이 열립니다. 남아 있는 학생 칸에서 학생의 아이콘을 마우스로 끌어 그룹 옆에 드롭해 학생을 배정할 수 있습니다.

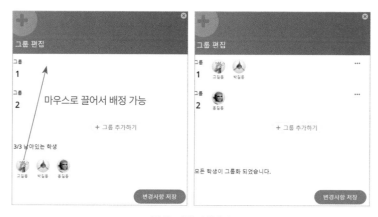

[학생 그룹] 편성하기

이렇게 만들어진 과제는 학생들에게 자동으로 부여되며, 학생들은 내 학급에서 교사가 부여한 과제를 확인하고 코스페이시스 작품을 만들 수 있습니다.

코스페이시스
가상공간 만들기

코스페이시스를 활용해 가상공간을 만들어보겠습니다. 이번 절에서는 작업 공간인 '코스페이스'를 생성하는 방법, 기본 인터페이스와 오브젝트를 배치하는 방법, 블록 코딩을 적용하는 방법을 살펴보겠습니다.

작업 공간 만들기

코스페이시스 플랫폼에서는 가상세계를 만들기 위한 작업 공간을 '코스페이스'라고 부릅니다. 코스페이스를 만드는 방법은 두 가지입니다.
첫 번째는 교사가 만들어주는 방법입니다. 교사가 학급에서 과제를 만들면 학생들에게 자동으로 코스페이스가 할당되며, 내 학급 메뉴를 통해 만들어진 코스페이스에 입장할 수 있습니다. 이 방법으로 만든 코스페이스는 학생들을 위한 공간으로 학생에게만 할당되며, 교사에게는 따로 코스페이스가 주어지지 않습니다.

두 번째는 개인 코스페이스를 만드는 방법입니다. 좌측 메뉴 중 [내 코스페이스] 탭을 클릭하면 나만의 코스페이스를 만들 수 있습니다. 이 방법은 교사와 학생 모두에게 적용 가능합니다.

여기서는 두 번째 방법을 사용해 가상세계를 만들어보겠습니다. [내 코스페이스] 탭을 눌러 내 코스페이스 페이지로 이동한 후, [코스페이스 만들기] 버튼을 클릭합니다.

개인 코스페이스 만들기

장면 선택 창이 열리면 [3D 환경]에서 [Empty scene]을 선택합니다. 잠시 기다리면 가상세계를 만들 수 있는 코스페이스 작업 공간이 열립니다.

기본 인터페이스

먼저 작업 공간을 둘러보겠습니다. 마우스 왼쪽 버튼을 누른 상태로 마우스를 드래그하면 제자리에서 화면을 이리저리 둘러볼 수 있습니다. 스페이스바와 마우스 왼쪽 버튼을 누른 상태로 마우스를 드래그하면 앞, 뒤, 좌, 우로 이동할 수 있습니다. 마우스 휠을 앞 또는 뒤로 돌리면 화면이 확대 또는 축소됩니다.

코스페이스 기본 화면

2부. 교육적으로 활용이 가능한 메타버스 플랫폼

화면 왼쪽 하단에는 [라이브러리], [업로드], [배경] 메뉴가 있습니다.

코스페이스 하단 메뉴

[라이브러리] 메뉴를 활용하면 이미 만들어져 있는 3D 오브젝트를 자유롭게 가져와 사용할 수 있습니다. 추가하고 싶은 오브젝트를 마우스로 끌어다 작업 공간에 놓으면 코스페이스에 배치됩니다.

[라이브러리] 메뉴

[업로드] 메뉴에서는 다른 3D 모델링 프로그램으로 만든 3D 오브젝트를 코스페이스에 불러올 수 있습니다.

[배경] 메뉴에서는 코스페이스의 배경을 수정할 수 있습니다.

[배경] 메뉴

오브젝트 조작하기

코스페이스에 배치한 오브젝트는 다양한 속성을 가지고 있습니다. 배치된 오브젝트를 마우스 왼쪽 버튼으로 선택하면 오브젝트 상단에 기본 메뉴가 열립니다. 오브젝트를 마우스 오른쪽 버튼으로 클릭하면 세부 메뉴가 나타납니다. 이 메뉴들을 활용해 오브젝트를 회전·이동시키거나 크기를 변경하거나 다양한 속성들을 수정할 수 있습니다.

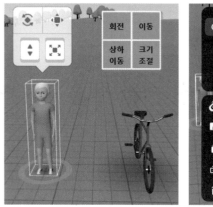

오브젝트 조작 메뉴

이 중 [붙이기] 메뉴를 이용하면 한 오브젝트를 다른 오브젝트 위로 쉽게 이동시킬 수 있습니다. 다음 사진처럼 사람을 우클릭하고 [붙이기]를 선택하면, 근처에 있는 오브젝트 중 사람을 붙일 수 있는 위치가 파란색 구형으로 표시됩니다. 표시된 파란색 구형 중 원하는 위치를 클릭하면, 사람 오브젝트가 해당 위치로 이동합니다.

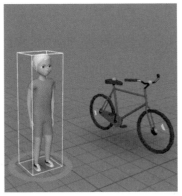

자전거 위에 선 사람 오브젝트

위 그림에서는 사람이 자전거 안장에 올라갔으나, 사람이 서 있는 모습이라서 부자연스럽습니다. 코스페이스의 오브젝트들은 저마다 다양한 애니메이션을 가지고 있습니다. 사람을 우클릭한 후 [애니메이션] 메뉴를 선택하면 자전거 타는 포즈를 찾을 수 있습니다.

[애니메이션] 메뉴로 동작 선택하기

다시 사람을 우클릭하고 [붙이기]를 선택한 뒤, 자전거 안장의 파란 구형을 선택하면 더 자연스러운 모습으로 자전거에 붙은 것을 확인할 수 있습니다.

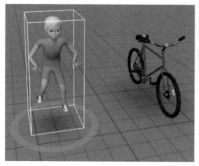

자전거 위에 앉은 사람 오브젝트

코딩 입히기

속성 수정을 통해 오브젝트의 외형을 바꿨다면, 코딩을 통해 오브젝트에게 특별한 동작을 수행시킬 수 있습니다. 코딩으로 오브젝트를 조작하기 위해서는 오브젝트의 코드 속성을 활성화해야 합니다. 앞서 배치한 사람과 자전거 중 자전거에 코딩을 입혀보겠습니다. 자전거를 우클릭한 후 [코드] 메뉴를 누릅니다. 코드창이 열리면 [코블록스에서 사용] 메뉴를 활성화합니다.

오브젝트 코드 속성 활성화하기

코스페이스 화면에서 우측 상단의 [코드] 메뉴를 누르면 코블록스
코드 편집기창이 열립니다. 이곳에서 엔트리처럼 블록 코딩을 할 수
있습니다. 자전거를 앞으로 움직이기 위해 [동작] 탭에서 자전거를 움
직이는 블록을 가져와보겠습니다.

코블록스 코드 편집기창 - 자전거 [동작] 탭 추가

코블록스 코드 편집기창 화면 오른쪽 상단의 메뉴 중 [플레이]를 누르면 자전거가 코드를 수행하는 모습을 볼 수 있습니다.

[플레이] 버튼으로 코드 실행하기

눈여겨봐야 할 점은 자전거를 움직이는 코드만 넣었는데 자전거를 탄 사람도 함께 움직였다는 점입니다. 코스페이스에서는 한 오브젝트가 코드를 수행하면 그 오브젝트에 붙어 있는 오브젝트도 코드의 영향을 받습니다.

이번에는 다음 그림처럼 자동차를 추가해 자전거를 탄 사람과 경주를 시켜보겠습니다.

자동차와 사람의 경주시키기

자동차도 자전거와 마찬가지로 우클릭 후 코드 메뉴에서 [코블록스에서 사용] 메뉴를 활성화합니다. 그런 다음 다시 코드 편집기로 돌아와 다음과 같이 코드를 짜보겠습니다.

자동차 오브젝트 블록 코딩 추가

플레이를 눌러 자전거와 자동차의 경주 모습을 살펴보면, 둘이 동시에 출발하는 것이 아니라 자전거가 움직이고 난 뒤 자동차가 움직이는 모습을 확인할 수 있습니다.

자전거가 먼저 움직이고 자동차가 움직이는 모습

코블록스도 다른 프로그래밍 언어와 마찬가지로 명령 블록들이 위에서 아래로 순서대로 실행되기 때문입니다. 코드 편집기창 하나에 여러 오브젝트들을 조종하는 코드를 넣으면 그 오브젝트들은 코드 편집기창에서 명령어가 배치된 순서대로 동작합니다.

만약 여러 오브젝트들을 각각 움직이게 하고 싶다면 [제어] 탭의 [동시에 실행하기] 블록을 사용하거나, 오브젝트들의 수만큼 코드 편집기창을 추가해주어야 합니다. 다음 그림처럼 코드 편집기창에서 [+] 버튼을 누르면 새로운 코드 편집기창을 추가할 수 있습니다.

코드 편집기창 추가하기

이번에는 자전거를 움직인 블록과 자동차를 움직인 블록을 각자 다른 코드 편집기창으로 분리시켜보겠습니다.

자전거와 자동차 코딩 분리하기

　　　　　　　　　　2부. 교육적으로 활용이 가능한 메타버스 플랫폼

다시 [플레이] 버튼을 눌러 확인해보면 자전거와 자동차가 동시에 움직이는 모습을 확인할 수 있습니다.

동시에 움직이는 자전거와 자동차의 모습

코스페이시스
가상공간 체험하기

앞서 코스페이시스를 활용해 가상세계를 만드는 방법을 알아보았습니다. 이번 절에서는 내가 만든 작품을 공유하고, 다른 친구가 만든 작품을 체험하는 방법을 살펴보겠습니다.

작품 공유하기

코스페이스 상단의 메뉴 중 [공유] 버튼을 누르면 작품을 다른 사람과

코스페이스 [공유] 메뉴

공유할 수 있습니다.

학생들이 작품을 공유하기 위해서는 작품 공유 권한이 부여되어 있어야 합니다. 앞에서 서술한 것처럼 [계정 관리] 탭에서 학생들에게 작품 공유 권한을 부여할 수 있습니다.

공유 상세정보창에서 작품의 제목과 설명을 입력한 후, [비공개 공유]를 클릭합니다. 베이직 라이선스로는 비공개 공유만 할 수 있습니다.

공유 상세정보창

잠시 기다리면 다음 그림과 같은 화면이 열립니다.

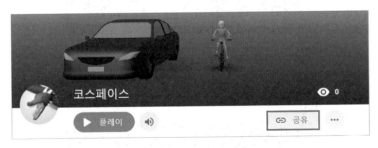

내 작품 페이지에서 공유하기

이 화면에서 [공유] 버튼을 누르면 내 작품과 연결된 QR코드, 공유 코드 및 공유 링크를 확인할 수 있는 페이지가 열립니다. 이 중 한 가지를 선택해 공유하고 싶은 친구에게 보내면 친구가 내 작품을 체험해 볼 수 있습니다.

내 작품의 공유 기본 정보

위의 여러 공유 방법 중 공유 링크를 게더타운의 오브젝트에 넣으면 게더타운에서도 코스페이시스를 체험해볼 수 있습니다.

게더타운에서 코스페이시스 체험하기

공유받은 작품 체험하기

다른 친구에게 공유받은 작품은 컴퓨터나 스마트폰을 이용해 체험할
수 있습니다. 컴퓨터로 인터넷 주소창에 친구에게 공유받은 링크를 입
력하면 친구의 작품 페이지로 이동하며, [플레이] 버튼을 눌러 친구의
작품을 체험할 수 있습니다.

작품 페이지에서 플레이 체험하기

컴퓨터를 활용한 체험은 키보드와 마우스를 이용해 가상세계를 둘
러보는 방식입니다. 스마트폰을 활용하면 더욱 다양한 인터페이스로
체험을 즐길 수 있습니다. 스마트폰에서 코스페이시스를 체험하려면
'CoSpaces Edu' 앱이 필요합니다.

코스페이스 에듀 앱 사용하기

로그인 없이 코스페이스 에듀 앱 사용하기

스마트폰에서 코스페이시스 앱을 실행한 후, 검색창과 [로그인] 버튼 사이에 있는 […] 버튼을 클릭하면, 로그인을 하지 않아도 체험을 즐길 수 있습니다.

QR 코드와 공유 코드 중 하나를 선택한 후, 공유받은 QR코드나 공유 코드를 입력합니다. 다음 그림과 같은 화면이 나타나면 [플레이]를 눌러 체험을 시작합니다.

스마트폰으로 공유받은 작품 체험하기

스마트폰 체험에서의 기본 조작법은 다음 그림과 같습니다. 주변을 둘러보려면 손가락으로 화면을 터치한 상태에서 손가락을 이리저리 움직이면 됩니다.

스마트폰 코스페이스 에듀 앱 기본 조작법

우측 하단의 메뉴를 선택하면 스마트폰만의 다양한 체험모드를 즐길 수 있습니다.

스마트폰에서 다양한 체험 모드 즐기기

[VR로 보기]를 선택하면 VR 기기를 활용해 체험할 수 있는 모드로 전환됩니다. 구글 카드보드 같은 VR 기기에 스마트폰을 거치하면 VR로 체험이 가능합니다.

VR로 보기

[AR로 보기]를 선택하면 여러분이 있는 공간에 코스페이시스의 오브젝트들을 불러올 수 있습니다.

AR로 보기

2부. 교육적으로 활용이 가능한 메타버스 플랫폼

[자이로센서 켜기]를 클릭하면 기본 체험 모드와 같은 화면이 등장합니다. 기본 체험 모드와의 차이점은 코스페이시스 세상 속을 둘러보는 방식에 있습니다. 기본 체험 모드에서는 손가락을 터치한 상태로 드래그해서 주변을 둘러봤습니다. 자이로센서를 켜면 우리가 고개를 돌려 주변을 둘러보듯 스마트폰의 움직임에 따라 코스페이시스 공간을 둘러볼 수 있습니다.

자이로센서 켜기

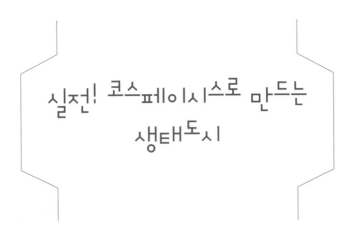

실전! 코스페이시스로 만드는
생태도시

이제 여러분은 수업에 코스페이시스를 활용하기 위한 기본기를 모두 다졌습니다. 이번에는 코스페이시스를 활용한 실제 수업 사례를 살펴봄으로써 코스페이시스 활용법을 더 자세히 알아보도록 하겠습니다.

이번 절에 소개되는 수업 사례는 '생태도시 만들기'를 주제로 진행한 수업입니다. 수업은 총 3단계로 구성되었습니다. 먼저 학생들은 환경오염 사례를 살펴보며 환경오염의 심각성과 경각심을 갖습니다. 그 다음 환경을 위해 학생이 실천할 수 있는 활동을 찾아보고 실천 계획을 세웁니다. 마지막으로 우리의 실천이 가져올 미래 생태도시의 모습을 상상하여 코스페이시스로 표현하고, 공유를 통해 서로의 작품을 체험함으로써 실천 의지를 다집니다. 이 중 코스페이시스가 활용된 마지막 단계를 소개하겠습니다.

코스페이시스의 베이직 라이선스로는 활용 가능한 오브젝트와 코딩 블록의 종류가 제한적입니다. 제공되는 3D 모델링 기능도 다른 3D 모델링 프로그램에 비해 아쉬운 점이 많습니다. 이런 이유로 본 수업에서는 체험판을 활성화하여 프로 라이선스로 학생들과 수업을 진행했습니다.

주제 확인 및 구상하기

학생들은 환경을 위한 우리의 실천으로 변화된 미래 도시의 모습을 상상합니다. 미래 생태도시는 인간의 편의만을 위해 개발된 도시가 아닌, 인간과 자연이 공존하는 모습으로 변해 있을 것입니다. 지금과 달리 환경오염물질을 많이 배출하지 않을 것입니다. 배출되는 오염물질을 정화할 수 있는 새로운 장치들도 개발되었을 것입니다. 또 무엇이 달라져 있을까요? 학생들은 저마다 상상한 미래 생태도시의 모습을 그림으로 정리합니다.

코스페이시스 가상공간 꾸미기

그림으로 정리한 미래 생태도시 모습을 코스페이시스로 표현할 시간입니다. 코스페이시스의 다양한 오브젝트와 배경을 활용해 자신만의 미래 생태도시를 만듭니다.

코스페이스로 표현한 미래 생태도시 모습 예시

생태도시에 코딩 입히기

단순히 오브젝트를 배치하는 것만으로는 내 도시에 들어온 손님에게 충분한 설명이 되지 않습니다. 모든 것이 멈춰 있으니 이상하기도 합니다. 학생들은 코블록스 코딩을 통해 멈춰 있는 도시에 생기를 불어넣습니다. 오브젝트만으로는 설명이 되지 않는 부분은 말풍선을 넣어 이해를 돕습니다.

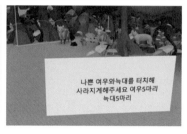

코블록스 코딩으로 도시에 생기 더하기

작품 공유하고 체험하기

학생들이 꿈꾸는 미래의 생태도시가 완성되었습니다. 저마다 스마트폰으로 공유받은 QR코드를 찍어 다른 친구의 도시에 방문합니다.

코스페이스로 만든 미래의 생태도시 사례

학생들의 체험에는 구글 카드보드 2.0이 사용되었습니다. 구글 카드보드 2.0에는 스마트폰의 화면을 터치할 수 있는 버튼이 추가되었습니다. VR모드에서 이 버튼을 터치하는 것만으로 손쉽게 코스페이시스 공간을 탐험할 수 있습니다.

이번 장을 통해 여러분은 코스페이시스를 활용하기 위한 기초를 다졌습니다. 책에 소개된 기초 기능 외에도 코스페이스를 어떻게 활용하느냐에 따라 코스페이시스가 가진 가능성은 무궁무진하며, 그것을 이용해 더욱 새롭고 창의적인 자신만의 가상세계를 만들 수 있습니다.

코스페이시스의 다양한 기능을 익히는 것과 더불어 '수업에 코스페이시스를 활용하는 목적은 무엇인가?', '수업을 위해 코스페이시스로 무엇을 할 수 있는가?'라는 물음의 답을 찾는 것도 중요합니다. 이것이 뒷받침될 때 코스페이시스는 수업을 위한 훌륭한 도구로 재탄생할 것입니다.

제3부

메타버스와 미래교육

8장

메타버스와 미래교육

메타버스와 미래교육은 어떤 연결고리를 가지고 있을까요? 앞으로의 미래 시대는 현실세계와 디지털세계가 끊임없이 교차되고, 융합되는 세계일 것입니다. 설령 '메타버스'라는 용어가 유행처럼 사라진다고 해도, 삶 속에서 디지털 전환은 지속될 것입니다. 중요한 것은 우리가 이러한 변화의 시점을 살고 있으며, 변화의 시점 한가운데서 학생들을 가르치고 있다는 점입니다.

삶의 양상이 변화하면 교육 또한 변화해야 합니다. 삶과 교육은 떼레야 뗄 수 없는 관계이기 때문입니다. 변화하지 않는 교육의 근원적인 가치는 지키되, 교육을 전달하는 방식, 매체 등은 필요에 따라 여러 가지로 달라질 수 있습니다.

3부에서는 앞에서 다루었던 메타버스 플랫폼들을 간단하게 다시 정리하고, 앞에서는 다루지 않았지만 최근 주목받는 메타버스 플랫폼과 게임 기반 NFT 플랫폼들도 소개하고자 합니다. 그리고 더 나아가, 포스트 코로나 시

다양한 메타버스 플랫폼들

대의 교육과 교사에 대한 이야기를 나눠보고자 합니다. 곧 있으면 코로나의 시대는 끝나고, 포스트 코로나의 시대가 도래할 것입니다. 우리는 코로나 팬데믹 상황이 종료된 이후에도 변함없이 학생들을 가르치면서 살아가야 합니다. 포스트 코로나의 시대는 몇 년 전과는 많은 것이 이미 달라진 시대일 것입니다.

포스트 코로나 시대, 교사에게 요구되어질 역량은 무엇이며, 교사는 어떻게 살아가야 할까요? 함께 고민해보고 싶습니다.

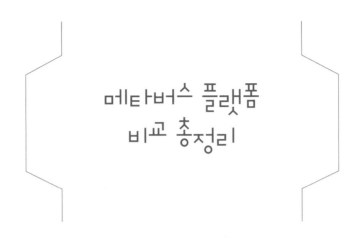

메타버스 플랫폼 비교 총정리

1부와 2부에서 메타버스의 다양한 플랫폼과 교육적 활용에 대해 알아보았습니다. 우리가 미처 인식하지 못하고 있는 동안, 이미 우리 주변에 메타버스 세계와 관련된 많은 것들이 존재한다는 것이 실감되나요? 이번 장에서는 앞에서 살펴본 메타버스 플랫폼들을 간략히 총정리하고, 그 밖의 다른 메타버스 플랫폼에 대한 이야기를 가볍게 해보려고 합니다.

제페토

- 네이버 제트에서 운영.
- 얼굴 인식을 통한 3차원 AR 아바타 제공.
- 서비스 이용자가 소비자인 동시에 생산자.
- 14세 이상 사용이 가능하며, 14세 미만 어린이의 사용 시 회원 가입 시 법정 대리인의 동의가 필요함.

장점	단점
- 10~20대 사용자에게 매력적이며, 다양한 콘텐츠가 존재함. - 이용자가 직접 아이템 디자인이 가능한 '제페토 스튜디오', 공간을 제작할 수 있는 '제페토 빌드잇' 기능을 제공함. - 한글로 서비스되기 때문에 편리함.	- 게임, 커뮤니케이션 성향이 강함. - 문자 채팅은 필터링이 되나 음성 채팅에 대한 문제가 있음. - 컴퓨터 사양과 인터넷망 속도가 뒷받침되어야 함.

이프렌드

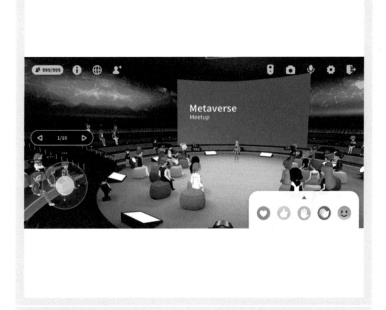

- SK 텔레콤에서 운영.
- 모임, 회의, 강연에 특화된 플랫폼.
- PDF와 MP4 동영상 파일 공유 가능.

장점	단점
- PDF, 동영상 공유 가능. - 한 방의 입장 가능 인원수(아바타 31명, 음성참여 100명, 총 131명)가 타 플랫폼에 비해 많은 편. - 미리 만든 모임공간을 선택하기 때문에 모임공간(land) 생성이 편리함. - 한글로 서비스되기 때문에 편리함.	- 모임, 회의, 강연에 특화되어 있어 별도의 콘텐츠가 부족. - 컴퓨터 사양과 인터넷망 속도가 뒷받침되어야 하며, PC로는 접속할 수 없음. - 스마트폰으로 접속할 때 장시간 이용 시 피로도가 있음. - 이프랜드에서 제공하는 공간만 이용 가능. 공간을 직접 제작할 수는 없음.

모질라 허브

Instantly create rooms

Share virtual spaces with your friends, co-workers, and communities. When you create a room with Hubs, you'll have a private virtual meeting space that you can instantly share - **no downloads or VR headset necessary.**

Communicate and Collaborate

Choose an avatar to represent you, put on your headphones, and jump right in. Hubs makes it easy to stay connected with voice and text chat to other people in your private room.

- 파이어폭스(Firefox)에서 만든 웹 기반 메타버스 플랫폼.
- 웹 브라우저에서 실행되는 가상 협업 플랫폼.
- 콘퍼런스 개최, 수업 진행, 예술전시 등 다양한 활동 가능.

장점	단점
- 이미지, 동영상, 3D 모델 등 다양한 형식의 파일 공유 가능 (파일 형식에 제한이 거의 없음). - 기본으로 제공하는 3D 아바타 외에 외부 3D 아바타를 연동하여 사용할 수 있음(커스텀 아바타 사용 가능). - 공간 구현의 자유도가 높음.	- 한국어를 지원하나, 번역체라 일부 가독성이 떨어짐. - 국내에 많이 알려지지 않아서 한글로 된 관련 정보가 부족. - 디자인의 호불호가 갈림.

게더타운

- 2D 가상공간 구현.
- 화상회의와 아바타의 결합.
- 원격 근무공간, 이벤트, 주제 관련 수업 등 다양한 활용.

장점	단점
- 누구나 쉽게 접근하고 쉽게 공간을 제작할 수 있음. - 원격근무, 이벤트, 수업, 게임 등 활용 범위가 넓음. - 공간 제작에 있어 확장이 용이. - 저사양 컴퓨터에서도 비교적 원활한 사용이 가능.	- 사용 연령에 대한 이슈가 존재함. - 접속 후 화상회의 시 속도 제한 있음. - 휴대폰과 태블릿PC에서 사용 기능이 제한적. - 많은 인원이 사용할 경우, 안정적인 진행을 위한 유료 구입이 필요함.

로블록스

- 로블록스 코퍼레이션에서 2006년 9월 출시.
- 루아 프로그래밍 언어를 사용한 사용자 제작 지원.

장점	단점
- 샌드박스형 게임(자유도 높음). - 사용자가 직접 게임을 프로그래밍할 수 있기 때문에 양질의 콘텐츠 보유. - PC, 모바일 등 다양한 기기 활용 가능. - 코딩 교육 등 교육적 활용성이 뛰어남.	- 2019년부터 한국어를 지원하나 번역 체라 가독성 떨어짐. - 셔츠, 바지 등을 제작하여 업로드할 때 로벅스를 지불해야 함(적은 금액이지만 학교수업에서 활용할 때 약간의 제한이 생김).

마인크래프트

- 모장 스튜디오에서 개발한 샌드박스 형식의 게임 메타버스 플랫폼.
- 교육을 위한 에듀케이션 에디션이 별도로 존재.
- 자유도가 높으며, 사용자가 콘텐츠를 직접 창작할 수 있음.

장점	단점
- 높은 사양을 필요로 하지 않음. - 사회과 수업 등 주제 중심의 학교 수업과 연계한 활용이 가능.	- 한국어를 지원하나 번역체라 가독성 떨어짐. - 계정 보안이 허술하다는 평가를 받고 있음.

코스페이시스

- 독일에서 2012년에 출시한 웹 기반 메타버스 플랫폼.
- 별도의 코스페이시스 에듀(CoSpaces Edu) 서비스 제공.
- 애니메이션, 물리실험, 게임 등 다양한 3D 창작물과 공간 구현이 가능.

장점	단점
- 사용하기 쉬운 도구 제공. - 블록 코딩을 지원하여, 텍스트 코딩을 할 줄 모르는 학생도 쉽게 활용 가능.	- 여러 가지를 만들려면 프로(Pro)로 업그레이드해야 함(프로는 유료). - 오브젝트가 다양하지 않음.

그 밖의 다양한 플랫폼

책에서 다룬 메타버스 플랫폼은 제페토, 이프랜드, 모질라 허브, 게더타운, 로블록스, 마인크래프트, 코스페이시스로 모두 교육적 활용이 가능합니다. 이 일곱 가지 플랫폼 외에도 다양한 플랫폼이 존재합니다. 본문에서 다루지 않은 최근 주목받는 메타버스 플랫폼, 게임 기반의 NFT 플랫폼을 소개합니다.

어스2

어스2(Earth 2)는 가상세계에 또 하나의 지구를 만들고, 실제 부동산처럼 땅을 사고팔 수 있는 플랫폼입니다.

어스 2는 가상의 지구를 일대일로 매핑하였기 때문에 전 세계 곳

어스2 홈페이지

곳의 땅이 존재하며, 10x10m의 토지를 실제 분양하는 등 가상의 부동산 거래가 이루어집니다. 아직은 토지를 구매하고 판매하는 부동산 거래가 주 목적으로 활용되고 있으나, 추후 전 세계의 나라를 경험하는 서비스를 제공할 예정이라고 하니 지켜보아도 좋을 가상 부동산의 새로운 사례라고 볼 수 있습니다.

페이스북 호라이즌

페이스북이 회사 명칭을 메타(Meta)로 바꾸었지만 아직 혼용해 쓰며, 지금도 홈페이지 주소는 facebook-horizon을 사용하고 있습니다. 그러니 여기서는 페이스북 호라이즌이라고 하겠습니다.

호라이즌(Horizon)은 페이스북에서 개발한 메타버스 플랫폼으로, 현재는 베타 서비스 중이며, 내년 초 정식 오픈을 앞두고 있습니다. 호라이

페이스북 호라이즌 소개 페이지

즌에서는 '월드 빌더(World Builder)' 기능을 제공하는데, 이 기능을 사용하여 코딩의 복잡한 과정 없이 사용자가 가상공간을 꾸밀 수 있습니다.

호라이즌은 여타 다른 플랫폼과의 차별성을 두기 위해 '몰입형 가상현실 세계'를 구현하고 있습니다. 따라서 호라이즌을 제대로 활용하기 위해서는 오큘러스 같은 VR 장비가 필요합니다. 현재까지는 장비를 구입하고 장착해서 호라이즌에 접속하는 과정이 타 플랫폼들과 비교했을 때 복잡한 편입니다. 이를 페이스북(메타로 사명 변경)에서 어떻게 해결할지 귀추가 주목됩니다.

도깨비

도깨비(DokeV)는 펄어비스(PearlAbyss)에서 개발 중인 메타버스 게임 플랫폼입니다. 아직 출시되지 않았으나, 지스타 2019에서 트레일러를 공개한 후 현재 2021 게임스컴에서 가장 주목받는 게임 중 하나

도깨비 소개 페이지

가 되었습니다.

엄밀히 말하면 도깨비는 메타버스 플랫폼이라고 부르기는 어렵습니다. 다만 펄어비스에서는 가상세계인 게임 속에 메타버스적 요소를 적용하려는 의지를 보이고 있으며, 그 어떤 게임보다 한국적 요소가 잘 드러나 있습니다. 펄어비스 측에서도 도깨비 게임을 가족이 함께 즐길 수 있는 게임으로 만든다고 밝혔습니다. 따라서 앞으로 교육적으로도 활용할 수 있지 않을까 하는 마음으로 함께 소개합니다. 기회가 된다면 유튜브에서 도깨비를 검색해 게임 트레일러를 감상해보기를 추천합니다.

크립토키티

크립토키티(CryptoKitties)는 2017년에 출시된 블록체인 기반의 고

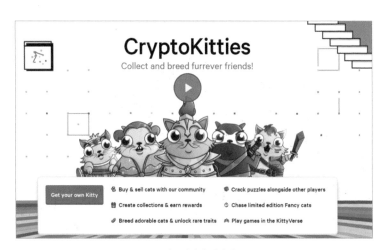

크립토키티 홈페이지

3부. 메타버스와 미래교육

양이 육성 게임입니다.

크립토키티는 가상의 고양이를 육성시키고 교배하여, 새로운 고양이를 탄생시키는 단순한 방식으로 진행되며, 이러한 고양이의 데이터는 블록체인에 기록되며 거래 가능합니다. 희귀한 고양이일수록 비싼 가격에 거래되고, 고양이 캐릭터 하나에 한화 1억 원이 넘는 가격이 매겨지기도 했습니다. 크립토키니는 세계 최초의 블록체인 기술과 암호화폐(이더리움)를 기반으로 한 온라인게임으로 평가받고 있습니다.

엑시 인피니티

엑시 인피니티(Axie Infinity)는 NFT를 기반으로 하며, 본격적으로 'Play to Earn(P2E)' 모델을 적용한 게임입니다. 쉽게 말해 플레이어가 게임을 즐기면서 수익을 얻는 게임 서비스입니다.

엑시 인피니티의 특징 중 하나는 귀엽고 아기자기한 캐릭터(엑시)

엑시 인피티니 홈페이지

입니다. 이용자들은 이 캐릭터를 수집하고 키우고, 교배하여 새로운 캐릭터를 만들어 판매합니다. 플레이어들끼리의 전투를 통해 땅을 구축할 수도 있습니다. 엑시 인피니티가 전 세계적 관심을 불러일으킨 것은 블록체인 기술을 이용해 캐릭터를 만들 수 있고, 그것을 판매해 수익을 얻을 수 있다는 점, 그리고 특정 캐릭터의 경우 아주 고가에 판매된다는 점 때문입니다. 캐릭터뿐 아니라 엑시 인피니티 속 토지 또한 거래할 수 있는데, 최근 250만 달러라는 역대 최고가 기록을 갱신하며 거래되기도 했습니다. 돈을 벌면서 게임할 수 있다는 점, 캐릭터의 파트를 다양하게 구성해 조합 가능하며, 이렇게 만든 캐릭터가 NFT가 된다는 점 등 매력적인 요인이 아주 많습니다.

오늘날 가장 뜨거운 이슈인 메타버스. 많은 기업이 메타버스 시장에 뛰어들고 있으며, 최근에 개발·출시를 앞둔 많은 플랫폼이 메타버스 플랫폼임을 내세우거나, 메타버스적 요소를 담는 등의 모습을 보이고 있습니다. 국내외 메타버스 플랫폼의 개발과 메타버스 관련 콘텐츠의 개발은 점점 가속화될 것입니다. 과연 어떤 메타버스 플랫폼이 살아남고, 진정한 의미의 메타버스 세계의 문을 열 수 있을까요? 옥석을 가리기 위해서는 시간을 두고 찬찬히 살펴봐야 할 것입니다.

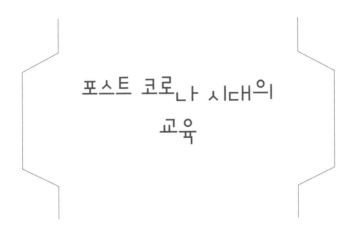

포스트 코로나 시대의
교육

포스트 코로나의 시대, 디지털 대전환의 시대, 메타버스의 시대. 2021년 한 해를 지칭하는 많은 수식어가 있었습니다. 고작 1년 사이에 이렇게 많은 수식어가 붙었던 적이 얼마나 있었을까요? 2021년을 설명하는 여러 수식어가 그동안 사람들의 일상에 얼마나 큰 변화가 있었는지를 짐작하게 해줍니다.

2021년, 전 세계적 이슈는 단연코 코로나19 팬데믹이었습니다. 코로나바이러스는 2020, 2021년을 통째로 집어삼키며 삶의 양상을 빠르게 변화시켰습니다. 손을 마주 잡고, 반갑게 포옹하며 인사하던 일상은 사라지고, 디지털 기기를 매개로 한 온라인 세상에서, 채팅과 화상으로 인사하는 일상이 찾아왔습니다. 코로나19 전에는 멀게만 느껴졌던 4차 산업혁명 기술이 우리가 인지하지 못하는 사이, 이미 삶 속에 녹아 있었고, 1992년에 등장했던 메타버스는 2021년에 다시금 주목받기 시작했습니다.

일상생활의 많은 부분이 디지털로 전환되는 상황에서 교육 역시 예외가 아니었습니다. 대한민국 역사상 최초로 온라인 개학이 실시되었으며, 원격수업이 정규 교육과정 안에 도입되었습니다. 그로 인해 학교 현장에도 참 많은 변화가 있었습니다. 그 격동의 순간에서 교사와 학생, 학부모, 어느 누구도 힘들지 않았던 사람이 없습니다.

중요한 것은 이러한 변화가 일시적이거나 단발성으로 그치지 않는다는 점입니다. 변화는 현재에도 지속되고 있으며, 앞으로 가속화될 가능성이 높습니다. 코로나19로 인해 가속화된 변화의 흐름이 한 시절의 해프닝으로 그치지 않고, 장기적으로 진행될 것이라는 예견은 정부 및 교육부의 여러 정책 발표를 통해 쉽게 예측해볼 수 있습니다.

시대적 분위기와 사회적 요구, 정치·경제적 필요에 의한 '디지털 전환'으로의 움직임은 이미 지난 2020년부터 있어 왔습니다. 2020년 7월, 정부산하 기관인 국토교통부가 발표한 한국판 뉴딜 국민보고대회(제7차 비상경제회의)의 종합계획을 살펴보면 그 흐름을 볼 수 있습니다.

이 한국판 뉴딜 종합계획에 따르면 코로나19에 따른 구조적 변화의 가장 큰 특징 중 하나는 '디지털 경제로의 전환이 빠르게 가속화되고 있다'는 점입니다. 코로나19 전에도 우리의 삶은 디지털과 밀접했습니다. 하지만 디지털이 반드시 필수는 아니었습니다. 연령, 성별, 개인적 성향에 따라 차이가 있었으며, 그동안은 '선택의 영역'이었습니다.

그러나 코로나19로 인해 사회적 거리두기 단계가 조정되고, 대면 접촉 대신 온라인을 활용한 비대면 접촉 방식이 확산되자, 디지털은

❖ 초유의 감염병 사태로 경제주체들의 행태·인식 등이 변화하면서
경제·사회 전반의 구조적 변화를 초래.
 * (Ian Bremmer, 뉴욕대 교수) 코로나19 이후의 세계는
지금과 완전히 다른 모습일 것.
 ◦ 특히, 디지털 및 그린 경제로의 전환을 가속화시키는 가운데,
고용안전망 등 포용성 강화를 위한 정부 역할에 대한 요구 증대.

코로나19에 따른 구조적 변화의 특징(한국판 뉴딜 종합계획)

'선택'의 영역에서 '필수' 영역으로 확대되었습니다. 생존의 위협과 사회적 필요에 의한 디지털 전환은 자연스럽고 당연한 일이었습니다.

한국판 뉴딜 종합계획에는 국가 경쟁력 제고를 위한 디지털 투자 확대, 교육 인프라 디지털 전환의 내용이 포함되어 있습니다. 이 계획에 의하면 2022년까지 전국 초·중·고등학교의 교실에는 고성능 와이파이(wifi)가 전면 구축되며, 교원의 노후된 PC·노트북 총 20만 대를 교체할 예정입니다. 또한 1,200교의 온라인 교과서 선도학교에 교육용 태블릿 24만 대를 지원합니다. 이를 포함해 그 밖의 대학, 직업훈련기관의 온·오프라인 융합학습 환경 조성을 위한 총 사업비가 무려 1.3조 원(국비 0.8조 원)에 달합니다. 즉 '교육 인프라 디지털 전환'을 위한 계획과 예산 수립이 차근차근 진행되고 있는 것입니다.

정부의 학교 교육 디지털 전환의 의지는 '2022 개정 교육과정 추진 계획'에서도 엿볼 수 있습니다. 2021년 4월, 교육부가 발표한 '2022 개정 교육과정 추진계획'에 따르면 개정 교육과정 추진 방향의 주요 키

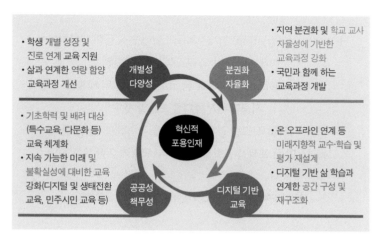

2022 개정 교육과정 주요 추진 방향

워드는 '개별성과 다양성', '분권화와 자율화', '공공성과 책무성', '디지털 기반 교육'입니다. 그리고 이 중 코로나19로 인한 온라인 개학, 원격수업과 직접적이고도 밀접한 것이 '디지털 기반 교육'입니다.

포스트 코로나 시대의 학교 교육: 디지털 기반 교육 확대

디지털 기반 교육이란 코로나 이후 시대를 대비한 에듀테크를 활용하여 온·오프라인 연계 수업 활성화를 지원하고, 디지털 기반의 삶과 학습, 교육과정을 연계한 공간 구성 및 재구조화를 위한 일련의 교육 방향을 의미합니다.

정부 정책의 방향과 교육부의 미래교육 전망을 살펴보면 '디지털 기반 교육의 확대' 의지가 강하게 드러나고 있음을 그 누구도 부인하기 어려울 것입니다. 미래교육에 대한 청사진은 '국민과 함께하는 미래형 교육과정 추진계획(2021)', '2022 개정 교육과정 총론 주요사항' 발표에서 잘 드러납니다. 아래 표는 교육부(2021)의 국민과 함께하는 미래형 교육과정 추진계획 중 미래교육, 디지털 기반 교육과 관련된 부분을 정리하여 재구성한 것입니다.

'2022 개정 교육과정 방향'의 표를 살펴보면 알 수 있듯이, 개정 교

2022 개정 교육과정 방향 '디지털 기반 교육을 통한 미래교육'

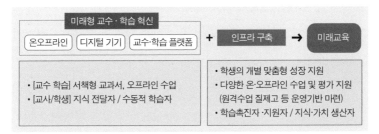

전반적인 방향	① **에듀테크를 활용한 온·오프라인 연계 수업**, 협력수업 등 다양한 교수·학습 및 평가를 적용 등 새로운 교육 전반의 혁신 도모 ② 디지털 기반으로 시공간의 경계를 넘어 다양한 학습 상황에 유연하게 적응하는 창의적인 온·오프라인 수업 활성화
교수·학습 영역 확장	**시·공간의 경계 없이 교실 밖 세상과 연결된 디지털 환경**에서 학습 콘텐츠, 교수·학습, 수업공간 등 활용자원을 무한 확장
맞춤형 개별 학습	**빅데이터, AI 등 에듀테크를 활용**한 수준 진단, 학습 특성 분석을 기반으로 개별학습 제공, 학습경로 설계 등 맞춤형 지원 확대
인프라 구축	**모든 학교에서 자유로운 원격교육이 가능**하도록 첨단 ICT 교육환경 및 인프라 구축, 디지털 기자재 확충

육과정에서 미래형 교수·학습의 혁신으로 손꼽는 것은 바로 '온라인과 오프라인의 연계, 디지털 기기의 활용, 교수·학습 플랫폼'입니다. 단편적이지만 2022 개정 교육과정의 전반적 방향을 정리한 이 표의 내용을 통해 우리는 학교 교육의 미래와 방향성을 예측해볼 수 있습니다. 그 예측은 현재의 코로나19 팬데믹 상황이 어느 정도 정리가 되고, 위드 코로나 시대를 맞이하더라도 '디지털 기반 교육'은 사라지지 않고 확대될 것이라는 방향성에 대한 추측입니다.

교육부(2021)가 발표한 2022 개정 교육과정의 개정 방향을 살펴보면 특히 눈에 띄는 부분이 있습니다. 그것은 교수·학습 영역의 확장 부분으로, '시·공간의 경계 없이 교실 밖 세상과 연결된 디지털 환경'이라는 표현입니다.

'온라인 수업, 원격수업, 실시간 화상수업, 쌍방향 수업' 같은 단어는 온라인 개학 후, 그동안의 교육부 방침에서 수차례 등장했던 단어들입니다. 그러나 시·공간의 경계가 없는 디지털 환경이라는 표현은 2015 개정 교육과정에서는 등장한 적 없던 말인 동시에, 코로나19로 인한 원격수업이나 실시간 화상수업을 넘어선 그 이상을 바라보고 있다는 표현입니다.

바로 이 부분이 교육계에서도 메타버스를 주목하고 염두에 두고 있음을 간접적으로 파악할 수 있는 지점이라고 생각합니다. 직접적으로 메타버스라는 단어를 사용하지는 않았지만, '시·공간의 경계 없이 교실 밖의 세상과 연결된 디지털 환경'이라는 표현 자체가 오늘날의 메타버스와 연결되는 부분이기 때문입니다.

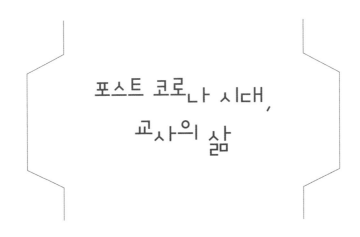

포스트 코로나 시대,
교사의 삶

포스트 코로나 시대, 교사의 삶은 어떠할까요? 이 변화의 소용돌이 속에서 교사는 무엇을 준비해야 하며, 사회가 교사에게 요구하는 것은 무엇일까요?

가장 보수적인 집단 중 하나였던 학교에서 원격수업을 하고, 전 교사가 디지털 기기를 활용하며, 다양한 교수·학습 플랫폼을 활용하게 된 것은 '코로나19로 인한 온라인 개학'에서 시작된 것이었습니다. 이는 코로나로 집단 감염의 위협과 질병의 확산 방지를 위해 학교에 학생들이 등교할 수 없으니, 궁여지책으로 꺼내든 해결책이었습니다.

그때 우리는 이 상황이 일시적일 것이라고 생각했습니다. 많은 사람이 감염병의 위협은 백신이 개발되면 사라질 것이고, 그때가 되면 코로나19는 독감 수준의 병이 될 것이라고 말했습니다. 백신이 개발되고, 학생들이 학교에 다시 등교하면 예전과 같은 학교의 모습으로 돌아갈 것이라고 생각했습니다.

그러나 세계적으로 이례 없이 빠른 백신 개발에도 불구하고, 코로나19 팬데믹 사태는 쉬이 정리되지 않았고, 사실상 온라인 개학이 종료된 후에도 등교 수업과 원격 수업은 여전히 공존하고 있습니다. 그리고 이제는 2025년부터 단계적으로 시행될 예정인 '2022 개정 교육과정'의 핵심 중 하나로 '디지털 기반 교육'이 언급되고 있습니다.

이 말이 의미하는 것은 현재 우리가 맞닥뜨린 교육 현장의 여러 변화가 '코로나로 인한 임시적 대응이나 해프닝'으로 끝나지 않는다는 것입니다. 코로나19 백신이 개발되면 이전의 삶으로 돌아갈 수 있다던 기대는 사실상 무너졌습니다. 우리는 이미 코로나 전으로 돌아갈 수 없습니다. 학교 역시 마찬가지입니다.

2025년부터 시행될 교육과정에는 '디지털 기반' 교육의 기틀이 이미 짜여 있습니다. 교육부는 2022 개정 교육과정 총론에서 '디지털 소양'을 여러 교과를 학습하는 데 기반이 되는 소양이라고 풀이합니다.

기초소양에 디지털 소양이 포함되어 있다는 사실은 중요한 함의를 가지고 있습니다. 이는 우리가 삶을 살아가는 데 있어서 꼭 필요한 언어나 수학처럼 디지털 또한 학생들의 삶에 필수적이며, 기본적인 소양으로써 중요하다는 것을 인정한다는 의미입니다.

2022 개정 교육과정에서 교육부는 디지털 소양을 언어, 수리와 같은 기초소양에 포함시키고, 초중고등학교 학교급에 무관하게 모든 교과 교육을 통해 디지털 기초소양 함양 기반을 마련하고자 하는 의지를 보이고 있습니다.

2022 개정 교육과정 총론 신·구 대비 - 디지털 기반 교육 관련

내용		주요내용	
		2015개정	2022개정
총론 (공통사항)	미래사회 및 환경변화에 대응하는 교육 내용 강화	신설	**- 여러 교과를 학습하는 데 기반이 되는 언어, 수리, 디지털 소양 등을 기초소양으로 강조하고 총론 및 교과 교육과정에 반영** - 생태전환교육, 민주시민교육 및 일과 노동에 포함된 의미와 가치 등을 교육목표에 반영하는 방안 추진
		- (초) 교과(실과)내용을 SW기초 소양교육으로 전환 - (중) 과학/기술·가정/정보 교과 신설 - (고) 심화선택 '정보' 과목을 일반 선택 과목으로 전환하고 SW 중심으로 내용 개편	- (초·중·고 공통) **모든 교과교육을 통한 디지털 기초소양 함양 기반을 마련하고 정보교육과정과 연계하여 AI 등 신기술 분야 기초·심화 학습 내실화** - (초) 실과 교과를 포함하여 학교 자율 시간을 활용한 교육 - (중) 학교 자율시간 및 교과(군)별 시수 증감을 활용한 정보 교육 - (고) 고등학교에 정보 교과 신설하고 다양한 선택 과목 신설

포스트 코로나 시대가 될 2025년, 2030년의 학교 모습이 상상되시나요? 우리는 무엇을 준비하고, 어떻게 살아가야 할까요?

정부의 미래계획, 교육부의 방침, 개정교육과정의 내용을 살펴보면 위드 코로나 시대의 교사에게 '디지털 역량'이 새롭게 요구될 것이라는 점은 자명해 보입니다. 학생들에게 디지털 소양을 길러주고자 하는 교사에게 충분한 디지털 역량이 없다면, 그야말로 어불성설이기 때문입니다.

포스트 코로나 시대, 교사에게 요구되는 디지털 역량

그렇다면 과연 이 '디지털 역량'이란 무엇을 의미할까요? 교육부·한국교육학술정보원의 2021 KERIS 이슈리포트 '포스트 코로나 시대, 미래교육체제에 대비한 교원역량 도출'에서는 '교원의 디지털 역량'을 총 7개 영역으로 나누어 제시합니다.

교육과정 재구성 역량

학교 교육과정 이해 능력, 디지털 교육 특성을 고려한 수준별 교육과정 재구성 능력, 사회 및 교육 이슈(예. 코로나19 등)를 반영한 교육과정 재구성 능력.

교수학습 설계 및 실행역량

디지털 교육에 적합한 수업 설계 능력, 디지털 기술을 활용한 상호 작용 전략 설계 및 운영 능력, 디지털 기술을 활용한 다양한 교수 방법 활용 능력, 학습데이터(빅데이터) 분석에 기반한 개별 맞춤형 교수 능력.

평가 역량

디지털 활동 자료에 의한 과정 중심 평가 설계 및 수행능력, 빅데이터 분석을 통한 형성 평가 및 향후 교수-학습 개선 역량, 공정성이 확보된 디지털 총괄 평가 방법 설계 및 운영 능력, 평가 결과 피드백을 위한 디지털 기술 활용 능력.

디지털 기술 활용 역량

교수·학습을 위한 디지털 환경 구축 능력, 교수·학습에 적합한 디지털 자원 탐색 능력, 교수·학습에 적합한 디지털 자원 활용 능력, 학습자 요구를 고려한 디지털 자원 제작 능력, 디지털 자료 관리, 보호, 공유 능력, 인공지능 활용 능력.

디지털 윤리 준수 역량

디지털 저작권 및 라이선스 관리, 개인정보 보호 및 사행활 보호, 디지털 기술을 통한 시민으로서 사회적 기여 참여, 디지털 윤리 의식 및 에티켓 준수.

교원 전문성 개발 역량

변화하는 디지털 기술에 대한 탐색 능력, 테크놀로지 내용교수지식(TPACK) 관련 전문성 개발 능력.

디지털 리터러시 학생 지도 역량

디지털 학습자 이해 능력, 디지털 도구 사용 방법 지도 능력, 디지털 도구를 활용한 협업 및 의사소통방법 지도 능력, 개인정보 및 저작권 지도 능력, 디지털 윤리 의식 지도 능력.

교사에게 요구되는 이 7개 영역의 디지털 역량은 생각보다 방대하고, 세밀하며, 교육의 모든 요소 곳곳에 전반적으로 반영되는 역량입니다. 그리고 이러한 역량은 한순간에 길러질 수 있는 것이 아닙니다. 일정 시간 동안 관련 능력을 키우기 위해 노력하고 연구해야 길러질 수 있는 역량(力量, 어떤 일을 해낼 수 있는 힘)입니다.

그렇다면 우리에게 남은 과제는 비교적 분명해집니다. 디지털 기반 교육을 할 수 있는 힘을 기르는 것, 스스로의 디지털 역량을 강화하기 위해 노력하는 것입니다.

과거의 디지털은 '선택'의 영역이었습니다. 교육 현장에서 '디지털을 적용'하는 것 역시 교사의 선택 영역에서 머물렀습니다. 그러나 이제 디지털은 선택의 영역에서 '필수'의 영역으로 넘어오고 있습니다. 우리의 시대가 '메타버스의 시대'는 아닐 수 있습니다. 하지만 우리의 시대가 '디지털 대전환의 시대'임은 분명합니다. 삶의 전반에서 오프라인 영역이 온라인 영역과 교차되고 융합되고 있습니다. 수많은 지표들이 디지털 전환을 가리키고 있으며, 학교 교육에서도 온라인과 오프라인이 공존하고 있습니다.

포스트 코로나 시대의 교사 크리에이터

크리에이터(creator)란 창작자를 지칭하는 포괄적 용어입니다. 무엇이든 새로운 것을 개발하고 만드는 사람을 크리에이터라고 지칭할 수 있습니다. 좁은 의미로는 유튜브, 트위치 등 개인 방송 플랫폼에서 영상을 제작하고 방송하는 사람을 크리에이터라고 부르는 경향이 있으나, 용어 자체에 주목한다면 창작자, 생산자, 개발자를 모두 크리에이터라고 할 수 있습니다.

그렇다면 교사는 크리에이터일까요? 크리에이터일 수 있을까요?

교사에게 요구되는 디지털 역량 중 '디지털 기술 활용 역량'의 하위 항목 중 하나가 '학습자 요구를 고려한 디지털 자원 제작 능력'입니다. 교수·학습에 적합한 디지털 자원을 탐색·활용하고, 학습자의 요구를 고려한 디지털 자원을 제작할 수 있는 교사는 충분히 '교사 크리에이터'라고 불릴 수 있습니다.

흔히 교사 유튜버를 교사 크리에이터라고 생각합니다. 인터넷의 수많은 플랫폼 중 하나인 유튜브에 자신이 제작한 디지털 콘텐츠를 업로드하고 소통하는 교사들을 우리는 교사 유튜버라고 부릅니다. 그러나 교사 유튜버는 교사 크리에이터의 일부일 뿐 전부가 될 수는 없습니다.

'교수·학습에 적합한 디지털 자원을 탐색·활용·연구하여 디지털 교육 콘텐츠를 제작하는 교사'가 모두 교사 크리에이터입니다. 반드시 어떤 플랫폼에 디지털 콘텐츠를 업로드하는 사람만이 교사 크리에이터라고 생각하지 않습니다. 교사 크리에이터를 판가름하는 것은 교사 개인이 가지고 있는 가치관과 태도, 연구와 실행의 문제라고 생각합니다.

우리는 디지털 기반 교육이 강조되기 전에도 꾸준히 교수·학습을 위해 많은 교과 자료들을 개발하고, 교재와 수업을 연구해왔습니다. 교재연구, 수업연구, 교과 자료 개발을 한다고 해서 월급을 더 많이 받는 것도 아니며, 특별히 누가 알아주는 것도 아닌데 많은 교사가 그렇게 해왔습니다. 직업에 대한 태도와 가치관을 직업의식이라고 한다면, 아마 많은 교사가 교직에 대한 직업의식으로 교재를 연구하고, 수업을 연구하고, 자료를 개발했을 것입니다.

디지털 기술은 결국 매체이며, 매체는 도구입니다. 미래교육의 방향은 '디지털 기반의 교육'이지 '디지털을 위한 교육'이 아닙니다. 중요한 것은 디지털 기술을 이해하고, 적재적소에 활용하여 '진정한 의미의 교육'이 일어날 수 있도록 하는 것입니다.

교사가 대체 왜 메타버스를 알아야 할까요?

처음 이 책의 시작에서 던졌던 의문으로 돌아가볼까요? 교사가 왜 메타버스를 알아야 할까요? 메타버스가 뜨거운 이슈이자 올해의 화두이기 때문에?

아닙니다. 우리가 메타버스에 대해 알아야 하는 것은 그보다 더 근본적인 이유 때문입니다.

언제나 기술은 발전하고 시대는 변화합니다. 새로운 매체는 끊임없이 등장합니다. 사람들은 새로운 매체가 등장하면 자신의 관점에서 매체를 바라봅니다. 누구는 정치적 관점에서, 누구는 경제적 관점에서 매체를 탐색합니다.

교사는 새로운 매체를 볼 때 이 매체가 교육적으로 가치 있게 활용될 수 있는지를 봐야 합니다. 만약 교육적 가치가 있다고 생각된다면, 그 매체를 연구해볼 필요가 있습니다.

교사가 메타버스를 알아야 하는 이유는 메타버스 플랫폼 또한 교육에서 활용할 수 있는 매체이며 도구이기 때문입니다. 메타버스가 교육적으로 활용 가능한 충분한 가치가 있는지 없는지는 대상에 대한 탐색과 연구 없이는 알 수 없습니다.

또한 교사가 메타버스를 알아야 하는 보다 근본적인 이유는 '학생들이 살아갈 미래'를 대비하기 위한 힘을 길러주기 위해서입니다.

학교 교육과 교사를 두고 항간에 떠도는 말이 있습니다. "몇 십 년 전 과거의 교육을 받은 교사가, 현재의 잣대로 미래를 살아갈 아이들을 가르친다"는 말. 비슷한 뉘앙스의 말을 들어본 적 있으신가요? 저는 이 말이 교직계를 향한 뼈아픈 지적이라고 생각합니다.

사실 메타버스에 대한 이해가 필요한 세대는 현재의 기성세대가 아닙니다. 엄밀히 말하면 교사들에게는 디지털 기반의 메타버스가 여전히 '선택'의 문제입니다. 전혀 몰라도 앞으로의 삶을 살아가는 데 큰 문제가 없을 것입니다. 새로운 것을 시도하며 군이 머리 아프게 무언가를 탐색하고 연구하지 않아도 교사들의 삶은 관성대로 굴러갈 것입니다.

하지만 지금 우리가 만나는 아이들, 학생들은 다릅니다. 지금의 아이들이 살아갈 미래는 지금보다 훨씬 더 오프라인과 온라인이 융합된 세계일 것입니다. 디지털 전환기를 넘어선 그야말로 디지털 대전환의 시대일 것입니다. 그런 아이들에게 열린 새로운 미래를 위해 우리는 최소한의 준비와 대비를 해야 합니다.

교사가 메타버스를 탐색해야 하는 이유, 알아야 하는 이유는 여기에 있습니다. 학생들이 살아갈 미래를 대비하기 위한 힘을 길러주기 위해, 어쩌면 그들의 삶 속에서는 당연하게 자연스러워질 순간들을 위하여!

교사가 알려주지 않아도 알아서 자신의 삶을 잘 헤쳐나갈 수 있는 힘과 재력을 가진 소수의 아이들이 아니라, 학교에서 배운 것들만으로 미래를 맞닥뜨릴 아이들을 위하여, 우리는 메타버스를 탐색하고 이해할 필요가 있습니다.

에필로그

메타버스에 대해 연구한 지난 1년여 동안 교육에 대해 많은 생각을 했습니다. 코로나로 사람들의 삶의 양상이 변화하고, 많은 부분에서 디지털 전환이 일어나고 있는 상황 속에서 교사인 나는 무엇을 해야 하는 것인지, 무엇을 할 수 있을 것인지 고민하는 시간이 길어졌습니다. 수많은 사람들이 메타버스에 대해 서로 다른 시각들로 이야기할 때, 교사는 메타버스를 어떻게 교육적으로 풀어낼 것인지에 대해 고민해야 한다고 생각했습니다. 우리는 '메타버스'라는 현상 자체를 학생들에게 가르치는 것이 아니라, 교육을 하기 위해 메타버스를 활용해야 하는 교사이기 때문입니다.

이 책은 교육용 메타버스 입문서입니다. 입문서이기 때문에 심화적인 내용을 깊게 다루기보다는, 전체적인 내용을 함께 아우르려고 노력했습니다. 좀 더 깊게 이야기하고 싶었던 부분들은 또 다른 기회를 통해 풀어나갈 수 있으리라 생각합니다.

교사크리에이터협회 제1호 기획출판을 준비하고, 집필을 하는 과정에서 많이 배우고 성장했습니다. 집필을 끝까지 할 수 있게 힘이 되어준 가족과 책 출간 시점에 18개월에 접어든 딸 단비에게 고맙고 사랑한다는 이야기를 하고 싶습니다. 이 책이 아무쪼록 선생님들께 도움이 된다면 참 기쁘겠습니다.

저자 조안나(https://blog.naver.com/annasam0322)

————

언젠가부터 학교는 항상 사회에서 한걸음 뒤처지는 조직으로 인식되고, 교사는 수동적이고 피동적인 존재로 취급을 받고 있습니다. 그러나 코로나19로 인해 갑자기 실시된 온라인 수업을 통해 우리나라 교사의 역량이 얼마나 뛰어난지 보여주었습니다. 그리고 앞으로 다가올 미래교육을 계획하고 수행하는 것은 교육부, 교육청이 아닌 우리 교사들일 수 있다는 희망을 가지게 되었습니다.

메타버스는 어찌 보면 와닿지 않는 뜬구름 잡는 용어일 수도 혹은 경제적인 이익을 위한 수단일 수도 있습니다. 하지만 미래교육의 관점에서 본다면 하나의 좋은 플랫폼, 좋은 수단, 좋은 기회일 수 있습니다. '교육을 위한 메타버스 탐구생활'이 이러한 기회를 많은 선생님들과 함께할 수 있는 작은 씨앗이 되길 바랍니다.

저자 조재범(https://www.youtube.com/c/bestcho)

이 책을 집필하고 마무리하는 순간에도 메타버스는 계속 발전하고 있습니다. 우스갯소리로 교사의 직업병 중 하나로 무엇이든 상대방에게 설명해주려고 한다는 것입니다. 그 직업병이 발병하여 이 책을 집필하면서 하고 싶은 말, 설명하고 싶은 내용들을 쓰다 보니 너무나 많아져 고민을 많이 했습니다. 집필하신 선생님들과 고민을 거듭하여 이 책을 읽으실 선생님들께 도움이 될 만한 내용들을 고르고 골라 최대한 압축해서 책을 내었습니다. 이 책은 계속 발전하고 있는 메타버스의 혼란 속에서 선생님들에게 등대이자 나침반이 되었으면 좋겠습니다.

"교사가 최고의 콘텐츠다." 참쌤스쿨 대표이자 경기도교육청 김차명 장학사님께서 하신 말씀입니다. 메타버스 자체로는 훌륭한 콘텐츠가 될 수 없습니다. 메타버스를 활용해서 훌륭한 수업을 만들어내시는 선생님들이 최고의 콘텐츠입니다. 이 책이 선생님들이 최고의 콘텐츠가 되시는 데에 조금이나마 도움이 되었으면 좋겠습니다.

저자 배준호(https://instargram.com/joono_0729)

현장에서 아이들과 함께 수업을 하다 보면 늘 부족함을 느끼게 됩니다. 특히 4차 산업혁명 시대를 맞이하여 미래교육의 핵심역량을 키우기 위해서 교사의 노력이 절실함을 견지하게 됩니다. 메타버스는 에듀테크의 일환으로 학생들이 가상공간에서 서로의 의견을 나누고 협업할 수 있는 좋은 도구이자 수단입니다.

저희 반 아이들이 메타버스 안에서 프로젝트를 실행하는 과정 속에서, 웃음이 끊이지 않는 모습을 발견하게 됩니다. 또한 처음에는 서로 다투고 의견 충돌의 과정이 있었지만, 시행착오를 거치면서 의사소통능력이 자연스럽게 향상되는 모습에서는 교육적 활용가치 또한 높다는 것을 알게 되었습니다. 아무쪼록 이 책이 현장에서 메타버스를 고민하고 있는 선생님들께 조금이나마 도움이 되었으면 합니다. 마지막으로 이 책을 위해 애써주신 모든 분들께 감사드리며, 사랑하는 아내에게 이 책을 바칩니다.

저자 이석(zweitei@hanmail.net)

메타버스라는 가상세계가 점점 우리에게 다가오고 있습니다. 얼마 전까지 영화에서나 봤던 상상의 세계가 어느 순간 현실이 되어가고 있습니다. 메타버스는 시공간을 초월하여 현실에서 체험하기 힘든 다양한 경험을 제공해줍니다. 하지만 잘못 사용하면 주객이 전도되어 교육적 의미가 사라지고 껍데기만 남을 수도 있습니다. 코딩교육, 인공지능교육, 메타버스의 교육적 활용에 대해 연구하며, 오히려 교육의 본질에 대한 고민이 깊어집니다.

얼핏 게임처럼 보이는 메타버스 플랫폼들의 교육적 활용 방안에 대해 저희뿐 아니라 전국의 많은 선생님들께서 연구하고 계십니다. 이 책을 통해 저희와 비슷한 고민을 하고 있는 선생님들께 조금이나마 도움이 될 수 있으면 좋겠습니다.

마지막으로 앞으로 미래를 살아갈 두 아들과 사랑하는 아내에게 이 책을 바칩니다.

저자 최동영(eyes011@naver.com)

세상은 빠르게 변하고 있습니다. SW가 교육에 들어오고 얼마 지나지 않아 AI가 교육에 들어왔습니다. 코로나가 가져온 위기는 메타버스를 싹틔웠습니다. 빠르게 변해가는 이 시대, 미래교육을 위해서 무엇을 해야 할까요?

교육을 위한 선생님들의 열정이면 충분하다고 생각합니다. 메타버스를 연구하는 선생님, AI를 연구하는 선생님, 수학을 연구하는 선생님. 교육의 미래는 연구하는 선생님들의 결실이 모여 만들어진다고 생각합니다. 바로 지금, 이 순간에도 저마다의 자리에서 교육을 위해 연구하고 헌신하시는 선생님들을 응원합니다.

저자 손용식(sys88123@gmail.com)

교육을 위한 **메타버스** 탐구생활
현직 교사들이 전하는 교육용 메타버스 활용 입문서

초판 1쇄 2022년 3월 4일
초판 2쇄 2022년 11월 11일
지은이 조안나, 조재범, 배준호, 이석, 최동영, 손용식 | **편집** 북지육림 | **본문디자인** 운용, 히웅
제작 천일문화사 | **펴낸곳** 지노 | **펴낸이** 도진호, 조소진 | **출판신고** 2018년 4월 4일
주소 경기도 고양시 일산서구 중앙로 1542, 653호
전화 070-4156-7770 | **팩스** 031-629-6577 | **이메일** jinopress@gmail.com

ⓒ 조안나, 조재범, 배준호, 이석, 최동영, 손용식, 2022
ISBN 979-11-90282-39-0 (03560)